U0149932

建筑巅峰艺术体验
文艺复兴建筑解读

徐莉 著

中国书籍出版社
China Book Press

图书在版编目 (CIP) 数据

建筑巅峰艺术体验：文艺复兴建筑解读 / 徐莉著
. ‒‒ 北京：中国书籍出版社，2021.12
ISBN 978‒7‒5068‒8677‒2

Ⅰ.①建⋯　Ⅱ.①徐⋯　Ⅲ.①建筑艺术 ‒ 欧洲 ‒ 中世
纪　Ⅳ.①TU‒881.5

中国版本图书馆 CIP 数据核字（2021）第 181438 号

建筑巅峰艺术体验：文艺复兴建筑解读

徐　莉　著

责任编辑	成晓春
责任印制	孙马飞　马　芝
封面设计	刘红刚
出版发行	中国书籍出版社
地　　址	北京市丰台区三路居路 97 号（邮编：100073）
电　　话	（010）52257143（总编室）　（010）52257140（发行部）
电子邮箱	eo@chinabp.com.cn
经　　销	全国新华书店
印　　厂	三河市德贤弘印务有限公司
开　　本	710 毫米 × 1000 毫米　1/16
字　　数	207 千字
印　　张	15.75
版　　次	2022 年 5 月第 1 版
印　　次	2022 年 5 月第 1 次印刷
书　　号	ISBN 978‒7‒5068‒8677‒2
定　　价	86.00 元

版权所有　翻印必究

前　言

　　一场轰轰烈烈的文艺复兴文化运动，掀起的"复兴""创新"之风，吹遍了整个欧洲，也吹到了建筑领域。这场文艺复兴之风不仅深刻影响了欧洲建筑，更直接催生了文艺复兴建筑这一新的建筑风格。

　　文艺复兴建筑继哥特式建筑之后产生，但并没有继承哥特式建筑的风格，而是基于文艺复兴思潮，主张复兴古罗马时期的建筑风格，古典柱式与圆顶的使用都说明了这一点。佛罗伦萨美第奇府邸、维琴察圆厅别墅、法国枫丹白露宫等，这些让人为之赞叹、流连忘返的经典建筑，处处散发着文艺复兴建筑的魅力，彰显着人文主义精神。

　　如果能近距离观赏这些建筑，那将是一种怎样的体验呢？本书就带你走近世界经典文艺复兴建筑，让你近距离欣赏它们，获得巅峰艺术体验。

　　本书立足于对文艺复兴建筑进行全面解读，目的是让读者详细透彻地了解文艺复兴建筑的相关内容。首先，本书以时间为主线，对文艺复兴建筑的起源、兴盛、创新、发展以及传承等进行了分析，让读者知晓文艺复兴建筑的前世今生。其次，本书以空间为辅线，对佛罗伦萨、罗马、乌尔比诺、伦巴第、威尼托大区、意大利北部其他地区、法国以及欧洲其他国家的文艺复兴建筑进行全面解读。

本书以时间脉络为主，以空间脉络为辅，让读者从不同角度全面认识文艺复兴建筑。本书力求使用清新通俗的语言，摒弃枯燥单纯的讲解，以讲故事的方式娓娓道来，让读者不仅了解建筑本身，也了解建筑本身所经历的故事和承载的文明。本书将文字与图片相结合，以精美的图片辅助文字，以优美的文字解读图片，让读者参加一场视觉盛宴。

本书的板块设置别具风格，"与你共赏"为读者展现著名文艺复兴建筑的风采；"延展空间"为读者奉上更多关于文艺复兴建筑的知识，让读者在大饱眼福的同时，也能收获更多的知识。

通过本书，你将能够更为详细地了解文艺复兴建筑的全貌，把握文艺复兴建筑的本质，理解文艺复兴建筑的艺术魅力，感悟文艺复兴建筑的思想精神，获得建筑巅峰艺术体验。

作者

2021 年 7 月

目 录

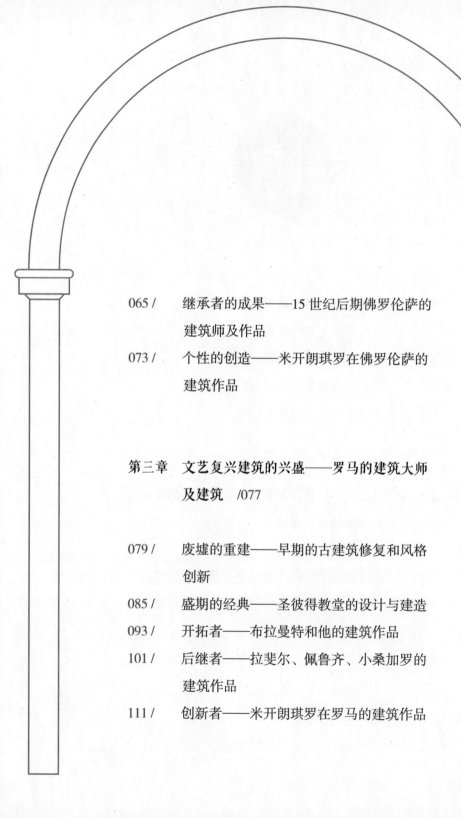

第一章

追寻人文光辉，
认识文艺复兴建筑

　　打着复兴古希腊罗马文化的旗号，文艺复兴的推动者将人文主义思想传遍欧洲，催生了属于这一时代的新的建筑风格。

　　沐浴着人文主义光辉而成长的建筑大师们追寻和借鉴着古罗马的建筑遗迹，在欧洲大地上大展宏图，设计出了一座座富有时代特色的文艺复兴建筑，推动着新风格的产生、传播和发展演变。下面，随我一起走近文艺复兴建筑，感受那充满人文主义气息的建筑艺术！

怀旧？创新？

风格缘何兴起？

文艺复兴建筑借古开新

文艺复兴是中世纪末期一群热爱世俗生活和追求人生乐趣的人，借着复兴古希腊、古罗马文化而摆脱中世纪宗教禁锢的文化运动，这一运动最先在意大利兴起。

大约在15世纪20年代，文艺复兴之风吹到建筑领域。此时，意大利的建筑师、艺术家和工匠等开始关注古罗马建筑遗迹以及罗曼式建筑，新的建筑风格趋向复古、典雅的古罗马风格。

古罗马建筑遗迹

那么，文艺复兴建筑只是人们怀旧的产物，或者是重现古代建筑风格的结果吗？这样的认识显然是片面的。

文艺复兴建筑并非全盘复兴古希腊罗马建筑风格，而是在借鉴和学习古希腊罗马建筑的基础上创造新的风格。

一方面，文艺复兴的建筑大师们反对象征宗教神权的哥特式建筑风格，强调复兴古罗马建筑风格，比如在建筑中使用古罗马建筑中的古典柱式、半圆拱券、穹顶等元素。另一方面，文艺复兴建筑大师又在使用古罗马建筑元素的基础上灵活创新、融合地方风格，并且将透视学、力学等科学技术运用到建筑之中，设计建造了很多风格与形式新颖的文艺复兴建筑名作。

与你共赏

领略文艺复兴建筑的风采

　　文艺复兴建筑是继哥特式建筑之后的一种建筑风格，在欧洲建筑史上有着重要的地位。文艺复兴建筑有着鲜明的特点，这主要体现在对穹顶、半圆拱券和古典柱式等元素的使用。下面就一起来领略一下文艺复兴建筑的风采。

佛罗伦萨大教堂

建筑巅峰艺术体验——文艺复兴建筑解读

佛罗伦萨圣洛伦佐教堂

佛罗伦萨至圣圣玛利亚领报教堂

文艺复兴建筑风格兴起的秘密

文艺复兴建筑最先兴起于意大利的佛罗伦萨，这与意大利的传统文化、地理位置、经济发展等都有密切的关系。

◎ 古典传统文化的传承

曾经繁盛的古希腊和古罗马文化虽然在漫长的中世纪时期逐渐衰败了，但作为古罗马的故乡，意大利一直深受古希腊、古罗马文化的影响，所以意大利人十分喜爱典雅、优美的古典建筑风格，而对装饰繁复、追求上升感的哥特式建筑风格兴趣不高。

此外，意大利也存留着很多古罗马建筑遗迹，这成为文艺复兴建筑大师们创造古典建筑新风格的灵感来源，也成为培养文艺复兴建筑大师的重要基地。

到 15 世纪初期，随着文艺复兴运动的进一步发展，意大利人开始反对哥特式建筑风格，认为其复杂的装饰和一味追求高升的做法是野蛮的。在此基础上，意大利的建筑师普遍重视典雅、和谐的美学理念，而且他们的建筑设计也强调对称、比例和次序感，比如文艺复兴建筑中半圆拱与古典柱结合的柱廊结构就完美地展现了这种美学理念和设计手法。

建筑巅峰艺术体验——文艺复兴建筑解读

佛罗伦萨育婴堂柱廊

◎ 良好的地理位置和发达的经济

意大利位于地中海航运的中心地带，是当时东西方商业贸易的必经之地，这使得经济本来就发达的意大利变得更加繁荣、富裕，于是资产阶级开始崛起。

新兴的资产阶级市民重视世俗生活，希望用新的艺术手法来建造和装饰他们的生活场所，这极大地推动了文艺复兴建筑风格的产生和发展，并且一些重要且经典的世俗建筑也从这一时期开始得以建造。

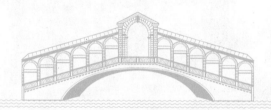

延展空间

第一批文艺复兴建筑大师是如何寻找设计灵感的呢

文艺复兴的第一批建筑大师首先在意大利的佛罗伦萨成长起来，那么他们都是怎样获取创作灵感的呢？

一方面，自文艺复兴的首位建筑师布鲁内莱斯基从佛罗伦萨前往罗马考察了古罗马建筑遗迹后，意大利便兴起了考察古罗马建筑遗迹的风潮。后来的很多建筑大师也在考察古罗马建筑的过程中获得了许多创作灵感。

另一方面，佛罗伦萨虽然没有太多的古罗马建筑遗迹，但有一些类似古罗马建筑风格的罗曼式建筑，很多建筑大师便参照这些罗曼式建筑进行设计，从而创作出了一些经典的文艺复兴建筑。

佛罗伦萨著名的罗曼式建筑有圣若望洗礼堂、圣米尼亚托教堂等，文艺复兴建筑大师从这些建筑中获得了许多设计创作的灵感。

佛罗伦萨圣若望洗礼堂（罗曼式建筑）

佛罗伦萨圣米尼亚托教堂立面（罗曼式建筑）

文艺复兴建筑那些独有的特征

告别了宗教美学，文艺复兴时期的建筑师们将属于古希腊罗马的理性与和谐的精神融于建筑之中。自此，这一伟大时期的建筑产生了独属于它的关键词——"新的秩序"与"古典语言"。

从理性与和谐中领悟的建筑秩序

文艺复兴建筑的产生和发展之于建筑史是一个既使古典回归，又使建筑专业化的存在。如果只是将它单纯地划归为"复古"，未免让这一伟大的建筑风格蒙灰。秩序是文艺复兴时期的建筑大师们"送给"欧洲建筑界的最好的礼物，这主要体现在一些规则和算法在增强建筑美观性、功能性与稳定性的应用上。

◎ 严格有序的构图规则

拥有严谨的立面与平面构图是文艺复兴建筑的重要特点，呈现这一特点的三大规则是布局规则、跨度规则以及对称规则。

布局规则是所有规则的基础，也是建筑在概念期就要被纳入思考的规则。基本脱离了中世纪美学的限制后，建筑师们要求建筑的整体与局部必须都要纳入秩序当中，也就是说从空间的选址定位，到图纸上的每条直曲线、轮廓线以及细节都需要做到定位精确。这一规则指导着整个文艺复兴时期的建筑。例如，在文艺复兴三杰之一的达·芬奇的建筑手稿中，就对建筑物的空间布局进行了详细的研究与阐述。

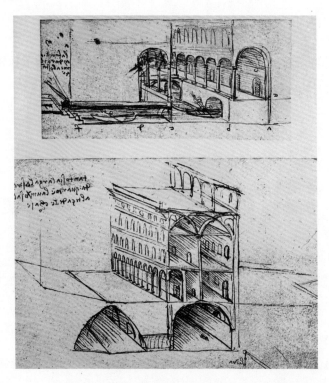

文艺复兴三杰之一的达·芬奇的建筑设计手稿

跨度规则是这一时期建筑的另一重要指导规则。门窗开设的位置以及深浅都要遵守跨度规则的要求。此外，随着透视法的逐渐成熟，在空间深度上的透视表达也成为文艺复兴建筑的特点。透视表达代表了文艺复兴时期建筑师们的态度。这是一种与中世纪的建筑设计截然不同的理念，是人的主观能动性可以自主地去揭示世间规律这种思想解放观念在建筑上的表达。法国文艺复兴时期的尚博尔城堡仅从它的正立面看去，便可看出跨度规则在其中的应用。

对称规则的应用在文艺复兴建筑中尤为突出。因为从视觉上，对称是一种极易被察觉的外在表现力。这一时期的建筑师们在设计中将对称性视为建筑理论的必然要求，这在 15 世纪著名建筑理论与建筑学家阿尔贝蒂的《论建筑》中体现得淋漓尽致。但在理论指导实践的过程中，对称规则，往往

法国文艺复兴时期的旷世杰作——尚博尔城堡

格拉纳达大教堂外景

在某些细节部分难以把控。随着建筑理论研究的不断深入，建筑师们开始将对称规则更多地应用于外部的设计。"集中式构图"是文艺复兴建筑师强调"结构比例"的重要体现，而要使用集中式构图来修造建筑，对称性就是必须遵循的整体修建规则。如意大利文艺复兴时期的很多府邸建筑、四边形的庭院等都使用了集中式构图和对称的规则。对称性结构也是以曾经的古希腊十字型结构为基础的变体之一，这一变体概念在文艺复兴时期的意大利极受欢迎。而整体"对称"这一特点也成为整个欧洲文艺复兴建筑较为常见且具有代表性的特点之一。受到文艺复兴建筑理论影响的西班牙文艺复兴建筑——格拉纳达大教堂，便是一座从外向里都呈现左右对称设计的建筑。

格拉纳达大教堂的拱顶与柱体

◎ 算法支撑的比例

在文艺复兴以前，是没有真正意义上的建筑师的。那些被后世称为建筑师的人在当时多半被称为"工匠/匠师"。之所以在文艺复兴时期"建筑师"一词得以成为一类人士的专业称谓，与文艺复兴时期建筑被视为一门"科学"这一观念上的改变是离不开的。

"科学"有两个特点——可重复、可证伪，而文艺复兴时期的建筑师们努力地做到了这两点。他们将建筑的每一部分都纳入算法之下，将比例奉为建筑的根本之一，这也是这一时期建筑师们的基本原则。而比例，同样也是秩序与和谐的建筑表达。建筑比例概念的产生，源自人文主义概念中的"人体比例"。例如，文艺复兴艺术大师达·芬奇创作的《维特鲁威人》不仅对人体比例进行了严谨、科学的表达，也对建筑的比例算法产生了深远的影响。

最先将数学比例的概念落于纸面，变为相对成熟的建筑设计理论的是阿尔贝蒂·利昂纳·巴蒂斯塔。阿尔贝蒂是文艺复兴早期著名的建筑师，其理论的形成深受古罗马建筑师维特鲁威乌斯的（后世一般称其为"维特鲁威"）《建筑十书》的影响。

在维特鲁威的《建筑十书》中，数学与几何的关系是重要论点之一，如最为著名的黄金分割比例的应用。阿尔贝蒂在此书基础上完成的《论建筑》一书完整地复刻并发扬了这一理念，同时加入了更多直到文艺复兴时期人们才得以掌握的几何学观点，如方形、三角形、球体、圆柱体等的应用。阿尔贝蒂在《论建筑》一书的重要位置曾写道："建筑美来源于对数学比例的整合，任何部分的增减都会破坏整体和谐。"他对比例这一理念的坚持在其主修的佛罗伦萨新圣母大教堂中得到了体现，如利用横梁将立面分为完全相等的两部分；底层宽度正好是层高的两倍，即整体建筑的高度与宽度相等。

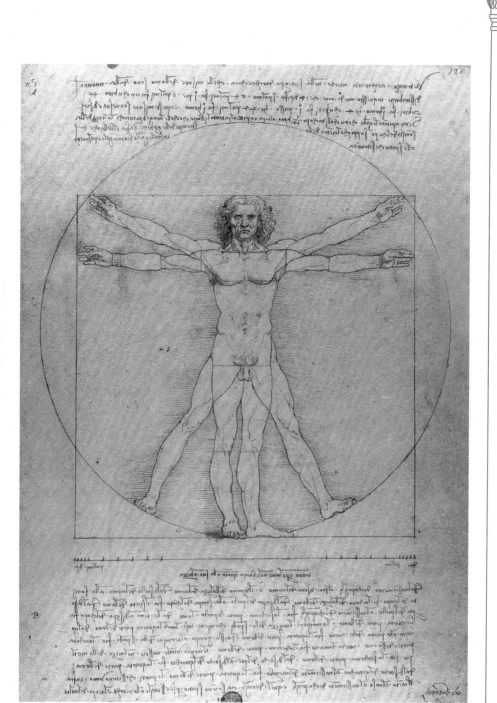

对文艺复兴时期建筑影响深远的达·芬奇画作《维特鲁威人》展现了人体比例的奥秘

佛罗伦萨新圣母大教堂

阿尔贝蒂还认为，音乐当中音程的和谐使音乐美妙动听，这样的音程关系同样也可以应用到建筑当中，建筑和音乐一样是自然和谐的产物。比如，八度音程的比例 1：2、四度音程的比例 3：4 等概念对建筑原材料在空间比例塑造上就具有指导意义。在 1535 年营建的圣弗朗切斯科·德拉维尼亚教堂的设计方案中，其作者弗朗切斯科·乔治将这一观念

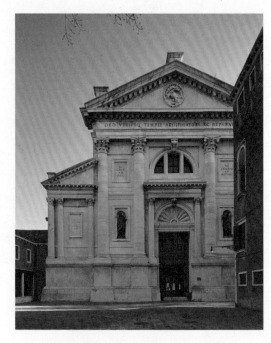

圣弗朗切斯科·德拉维尼亚教堂

再一次进行了拓展。

精确算法支撑的建筑比例理论解决了建筑的支撑以及美观等多方面的问题，这使得比例理论在当时深入人心，同时也被应用到了文艺复兴时期几乎所有的建筑当中。这一理论的应用也让建筑师从传统经验的束缚中解放了出来，使建筑成了"科学"。

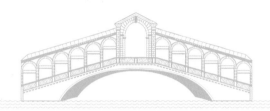

延展空间

西方建筑师职业的由来

建筑师（architect）一词源自古希腊语"arkhitekton"，在古希腊与古罗马时期，建筑的营造者是为国王工作的、全面的人才，通常由身份高贵的祭司或官员担任。这一时期的建筑者不仅需要懂得建筑的知识，还需要上知天文下知地理，因为他们多半负责的是宗教建筑的修建。

至欧洲的中世纪时期，由于当时特殊的历史原因，建筑技术呈现出了停滞甚至衰退的状态。这一时期的建筑营造者们，多是石匠或是某些作坊的坊主。因此，这一时期的建筑者们多被称为"匠师（masterbuilder）"。

到了文艺复兴时期，由于思想的解放与人文主义思想的兴起，大量拥有建筑知识的艺术家对建筑领域进行了详细的研究与拓展，将建筑营造的方法与结构表现绘制在图纸之上，甚至开始使用实体模型来进行模拟展示，使建筑师这一独立职业的出现拥有了坚实的基础。至1567年，菲利贝·德·罗梅在其出版的《建筑学》一书中正式规定了建筑师的各项标准与职责，使"建筑师"真正成了一个受人尊重的独立的职业。

从古代继承而来的建筑语言

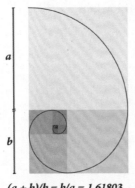

$(a + b)/b = b/a = 1,61803...$

对文艺复兴建筑理论影响
深远的黄金分割比例

对古希腊罗马建筑形式进行复原与发展是文艺复兴时期的建筑语言。建筑师们所要复原与发展的并不单单是建筑的外表，更是蕴含在古代建筑中的科学理论。如毕达哥拉斯的"万物皆数"、柏拉图的"比例中项"、欧几里得的黄金分割等科学真理。文艺复兴的建筑师们将这些科学的理论融于他们的建筑技法当中，并进行了更多的创新，从而形成了属于文艺复兴时期的建筑语言。

◎ 古典柱式

文艺复兴建筑的第一大显著特点就是古典建筑中柱式系统的使用。文艺复兴时期人文主义的思想引领建筑师们更加充分地考虑人的和谐之美，这与维特鲁威在《建筑十书》中强调的柱式与人体比例匹配的观念不谋而合，成为古典柱式回归的理由。

古希腊罗马建筑中常用柱式或是壁柱作为建筑支撑和装饰的元素。古希腊人创造并定型了最初的三种柱式：多利克柱式、爱奥尼亚柱式以及科林斯柱式。此后的古罗马人在此基础上又增加了托斯卡纳和混合式的两种变体柱式。

托斯卡纳柱式　　多利克柱式　　爱奥尼亚柱式　　科林斯柱式　　混合柱式

五种古典柱式

　　由于对这五种古典柱式的研究资料仅剩下了维特鲁威书中撰写的内容，而遗留下来的废墟遗迹所展示出的柱式又不完全和其书中相似，因此，文艺复兴时期的建筑师们在最开始时多以遗迹中的实物配合资料进行整合。直到1562年维尼奥拉出版了《五种柱式规范》，才将文艺复兴时期的柱式规范以理论的形式确定了下来。

　　在维尼奥拉确定的标准中，这五种柱式的比例关系、装饰风格都被确定了下来。比如，多利克柱式是常用柱式，且最为粗壮坚固，在古希腊时期体现的也是男性雄壮之美，因此应仅用于建筑底层，支撑建筑重量。而爱奥尼亚柱式则可用于第二层，更加修长，装饰较多，更为华丽。科林斯和混合柱式则可用于第三层，这二者是装饰性变体柱式，应有更多装饰层次。而托斯卡纳柱式由于相当简朴，反而有一种庄严肃穆之感，则可多用于别墅或是防御性建筑。

　　尽管维尼奥拉在他的书中确定了一些柱式的规范。但对于思想解放的文艺复兴时期，这并不是一成不变、必须遵守的。对于柱式的使用，建筑师们仍然可以有自己的想法。只要符合比例、几何、对称等科学原则就能够被认可，且能够获得较为美观的建筑效果。如1568年受到文艺复兴建筑影响的法国枫丹白露宫的新侧翼，就被建筑师勒·普利马蒂斯安置了托斯卡纳柱式，使得枫丹白露宫更具威严气魄。

法国枫丹白露宫正立面

◎ 古典圆顶

在文艺复兴时期重新被纳入建筑系统中的古典圆顶，实际上已经在哥特式建筑风格时期几近消失。因此，古典圆顶在文艺复兴时期的重新启用，并作为文艺复兴建筑的另一项特征，表明了文艺复兴想要与旧时的封建神学脱离的态度。

最具影响力的、在穹顶的设计上突破专制思想的就是文艺复兴建筑的"报春花"——佛罗伦萨大教堂那跨度达 42 米的巨型圆顶。这一圆顶的建筑价值还在于它率先启用了"鼓座"（一种建筑在圆顶周围，用斗拱等构件架设的平台）用来突出穹顶，并最大限度地缓冲圆顶的侧推力和支撑圆顶的重量。

　　和其他建筑设计方式与构件一样，除了继承，文艺复兴时期的建筑师们还对圆顶进行了发展，使用了更多数学原理来让圆顶在宽度和高度上既能再次拓宽，又能更加安全稳固。许多文艺复兴建筑圆顶的设计都是可重复的。

　　在古典柱式与圆顶的基础上，文艺复兴时期的建筑还发展出了多种结构处理方式，如粗细石墙面的融合处理、更具匀称弧度的半圆拱顶、更具人文主义色彩的装饰绘画等，使文艺复兴建筑既复古又创新，呈现出了前所未有的崭新面貌。

文艺复兴建筑的发展脉络

浩浩荡荡的欧洲思想文化运动——文艺复兴自14世纪开始持续了将近400年的时间，文艺复兴建筑的发展历史也同这场气势磅礴的文化运动一样，经历了将近4个世纪的变迁。

文艺复兴早期

按照文艺复兴建筑最先起源的地点以及后世传导与发展的脉络来说，文艺复兴建筑的发展过程可以分为以"佛罗伦萨"为核心的早期，以"罗马"为核心的盛期以及拓展到欧洲各国、变体增多的晚期。

文艺复兴建筑的早期是稍晚于文艺复兴运动、文艺复兴中的思想理念已经较为成熟的15世纪。因14—15世纪的意大利佛罗伦萨地区政治经济环境相对更加稳定，所以早期的文艺复兴建筑基本集中于意大利的佛罗伦萨地区。

此时的建筑虽然没有完全脱离哥特式建筑的影响，并且还使用了一些拜占庭建筑当中的技法，但这一时期建筑的核心特点已经从尖锐锋利的拱券和薄壁高窗演变为使用古典建筑语言中的厚壁柱式与圆顶。在建筑设计中，哥特式建筑中的拱券结构只被用来给予建筑更好的支撑。以尖锐、垂直为特征的哥特式建筑风格从文艺复兴建筑兴起之时就被放弃掉了。

文艺复兴早期建筑仍以教堂建筑为主，如佛罗伦萨大教堂（具有文艺复兴建筑风格的是其中央的穹顶）、佛罗伦萨育婴堂、圣洛伦佐教堂以及巴齐礼拜堂等。

巴齐礼拜堂

此外，受世俗文化的影响，第一批文艺复兴世俗建筑——府邸开始出现。美第奇府邸就是文艺复兴早期世俗建筑的代表作，由建筑师米开罗佐主持修建。作为在文艺复兴早期建筑代表作中一枝独秀的世俗建筑，美第奇府邸是为当时佛罗伦萨的统治者家族修建的。整体建筑风格偏威严壮观，为的是凸显统治阶层的地位。美第奇府邸由围柱式内院，侧院以及后院组成，整座建筑从平面上看去呈长方形，若从三维结构上则呈现为厚重的立方体，可见米开罗佐对建筑外部对称性的要求。建筑内外部有众多柱式的应用，并且其檐部的高度是立面总高度的八分之一，檐口挑 1.85 米，与整个立面构成柱式的比例关系。这是比例关系在文艺复兴建筑中应用的典型体现。

美第奇府邸内院景观

文艺复兴盛期

历史是不断向前的，政治与经济也不可能只在一个地区迅速发展。天时、地利、人和促成了文艺复兴建筑在佛罗伦萨的兴起，但在 15 世纪末，随着战乱的发生，这些有利因素从佛罗伦萨消失了。

随着权力中心的转移与影响力的衰弱，意大利具有中心地位的城市从佛罗伦萨转向了罗马。带着自佛罗伦萨发展起来的建筑理论，大批文艺复兴建筑师集结到了更加繁荣的罗马，由此也迎来了文艺复兴建筑的盛期。

有了前人梳理的理论指导，文艺复兴盛期的建筑如雨后春笋一般蓬勃而出。文艺复兴盛期的历史价值还不单单仅限于罗马这一个地区的多类型建筑样式。它的价值还在于从这一时期开始，以罗马为中心，文艺复兴建筑从意大利开始向欧洲各地传播。正如文艺复兴思潮在欧洲蔓延并成为引领思想解放的潮流，文艺复兴建筑也成了欧洲这一伟大时期的重要代表。

较为成熟的文艺复兴盛期建筑仍然集中在意大利。其中，最具纪念性风格的代表作便是罗马的坦比哀多礼拜堂，主持修建的建筑师为布拉曼特。圆顶、集中式结构、柱廊等都为后世建筑提供了创新性的参考价值。除了布拉曼特，文艺复兴建筑盛期的代表人物还有拉斐尔、小桑加罗、米开朗琪罗等人。由米开朗琪罗主持修建的劳伦齐阿纳图书馆是世俗建筑中的代表，在图书馆的设计中，米开朗琪罗还创造性地将楼梯作为艺术部件进行处理，开创了楼梯装饰艺术的先河。

文艺复兴时期最为宏大的盛期建筑当属 16 世纪初期开始重修的，历时

坦比哀多礼拜堂

百余年才建成的世界上最大的教堂建筑——罗马圣彼得大教堂了。这座举世瞩目的壮丽建筑从设计到施工凝聚了包括布拉曼特、拉斐尔、米开朗琪罗、小桑加罗等 10 余位建筑师的心血。它的总面积达到 2.3 万平方米，主体建筑高 45.4 米。在总长 211 米的整个教堂中，主殿堂的长度就占据了总长的将近 90%，达到了 186 米，总面积 1.5 万平方米，能同时容纳 6 万人。圣彼得大教堂的穹顶直径为 42 米，离地最高达 120 米，圆形穹顶面上布满了美丽的装饰浮雕，庄严肃穆，举世罕见。

罗马圣彼得大教堂与广场

文艺复兴晚期

到了 16 世纪的下半叶，随着文艺复兴思潮的影响力逐渐衰弱以及帕拉迪奥等建筑师对文艺复兴建筑细节与规律的理论总结，文艺复兴建筑的设计开始趋于程式化，更加专注于室内功能的打造。此时，以帕拉迪奥主持修建的维琴察的巴西利卡与圆厅别墅为代表的晚期文艺复兴建筑开始出现。

纯粹的正方形集合形状，极具对称的整体，主次分明的内外部结构成了文艺复兴晚期建筑的核心。这一时期的建筑作品少了些热情与创意，多了几分冷静与优雅。而帕拉迪奥的《建筑四论》对这一时期的建筑有重要的指导意义。

文艺复兴晚期的建筑在意大利多集中在北部的维琴察以及威尼斯，世俗建筑逐渐增多。建筑的核心由教堂建筑转为府邸、别墅、市政厅以及城市广场的修建等。如威尼斯的圣马可广场，就被誉为"欧洲最美丽的客厅"。

对于欧洲其他国家来说，自 16 世纪前后文艺复兴建筑风格开始向外传播后，包括西班牙、葡萄牙、法国、荷兰（当时的尼德兰地区）等国家就开始仿造和发展文艺复兴风格，从而产生了具有各自民族或国家特征的文艺复兴风格变体，如著名的法国建筑枫丹白露宫、德国的慕尼黑博物馆以及西班牙的太子宫等。

威尼斯圣马可广场

与你共赏

完全对称的建筑——圆厅别墅

修建于 1552 年的圆厅别墅是帕拉迪奥引以为傲的作品之一，具有典型的文艺复兴晚期特点。完全的对称手法、集中式结构使得建筑整体从平面上呈现规矩的正方形形制。四面开设有门廊，正方形的中间正好是一圆形的大厅，上有高出墙面的穹窿顶。

圆厅别墅在造型上达到了几何效果的高度协调，各部分比例匀称，结构严谨，过渡空间与内部空间层次分明，但又有巧妙的衔接而不显得生硬。爱奥尼亚柱式的使用减弱了方形建筑形制的单调，多了些优雅和谐之美。

圆厅别墅

在文艺复兴这个大师辈出的时代，建筑师们从古典建筑的实物和代代传承下来的科学与理性的思想中获取灵感，寻找属于建筑艺术的种种答案。创造新的理论与建筑的原则成了这些建筑大师们毕生的热爱与追求。

随着文艺复兴建筑发展的脉络，我们得以窥见建筑理论与实践的不断发展。值得我们思索的，不仅是他们的建筑理论与遗留的伟大作品本身，还有他们不断突破、不断创新的精神。即便是在透视学、人体力学领域已经有了相当大进步的当时，诸如如何将巨型的穹顶稳稳地立于建筑之上这一类的问题仍然是建筑师们亟待解决的工程性难题。他们必须首先要解决这些难题，才能开始探讨建筑思想与艺术。这些遗留至今的建筑遗产告诉我们，这些伟大的建筑师们成功了，而他们的这份锲而不舍、细心钻研、前仆后继的创造精神也正是这一整个时代留给后人的伟大精神遗产之一。

第二章

文艺复兴建筑的起源——佛罗伦萨的建筑大师及建筑

佛罗伦萨，欧洲文艺复兴建筑的发源地，聚集了大批致力于复古与创新的建筑大师。这些大师天赋异禀、坚持努力，在建筑领域积极探索和创新，开创了新的建筑艺术。其中，最具影响力的领军人物当属菲利普·布鲁内莱斯基和阿尔贝蒂·利昂纳·巴蒂斯塔。他们一个侧重于创作与实践活动，一个倾向于论著研究，都凭借自身的才华和努力成为15世纪前期文艺复兴建筑的杰出贡献者。15世纪后期，罗塞利诺兄弟、朱利亚诺、米开朗琪罗等艺术家，在继承建筑传统的同时不断创新，设计和督建了众多经典建筑，也为文艺复兴建筑的兴起与发展做出了巨大贡献。

天才的诞生——布鲁内莱斯基
和他的建筑

在意大利佛罗伦萨，一座被市民誉为"人类技艺所能想象的最宏伟、最壮丽"的大厦——佛罗伦萨大教堂，开启了辉煌的文艺复兴建筑时代。这座教堂最令人叹为观止的一部分——穹顶的设计，出自一位名叫菲利普·布鲁内莱斯基的建筑大师之手，也正是他拉开了文艺复兴建筑的大幕。

文艺复兴风格的开创者——布鲁内莱斯基

布鲁内莱斯基出生于 1377 年，成长于良好的教育氛围中。基于自身对视觉艺术的兴趣，布鲁内莱斯基在 1398 年加入了佛罗伦萨的金匠行会，但匠师并没有成为他终生的职业。在 1401 年举行的圣若望洗礼堂新大门的竞赛中，布鲁内莱斯基遗憾落败，这促使他与同是金匠学徒出身的好友多纳太罗一同前往罗马，由此布鲁内莱斯基这个名字与罗马建筑产生了千丝万缕的联系。为布鲁内莱斯基写传的传记家曾对这一时期的布鲁内莱斯基做过这样的记录："那时的罗马还有许多令人炫目的东西，在以有理解力的眼光及审慎的心理解雕塑的时候，他注意到了古代的建造方法和对称法则。他似乎能够从建筑的布置中认识到一种确定的秩序，如构件、骨架等。一切都好像是上帝的启示。"

真正奠定布鲁内莱斯基成为"文艺复兴风格"开创者地位的，正是他在 15 世纪初接受的佛罗伦萨大教堂穹顶的设计任务。为了完成这项多年来没能找到合适解决之法的设计，他又一次去往罗马，潜心钻研古罗马建筑的拱券技术，测绘古建筑遗迹。在 1418 年举行的佛罗伦萨大教堂穹顶的建造技术设计大赛中，布鲁内莱斯基的竞赛模型最终得到了认可。

虽然布鲁内莱斯基没能亲眼见证教堂穹顶的完工，但他的穹顶方案已然成为古代建筑艺术"再生"的第一滴甘露，而他本人对建筑结构的研究也成了古代建筑复兴最强劲的推动力。

布鲁内莱斯基的建筑作品

◎ 佛罗伦萨大教堂穹顶

佛罗伦萨大教堂是文艺复兴时期的第一座伟大而美丽的建筑，其兴建于1295 年，于 1496 年完工。这座大教堂有个绚丽震撼的建筑部分，那就是由布鲁内莱斯基设计的穹顶。

穹顶于 1420 年 8 月开始建造。为了尽可能减少外推力，布鲁内莱斯基放弃了半球形穹顶这一最初想法，而是采用切面顶部为尖角的、由肋条支撑的穹顶。八根主肋由八边形鼓座的角部向上延伸，一共十六根间肋将主肋和主肋联结起来（每两根主肋之间设有两根间肋），同时吸收侧向外推力。另外，为了使穹顶防潮且看上去更壮观，布鲁内莱斯基采用了双壳结构穹顶（由外壳和内壳构成），这也是目前所知的第一个采用此结构的穹顶。

在穹顶的模架问题上，布鲁内莱斯基的解决方案同样显示了其设计才能。他通过横向砖石圈层自下而上地建造穹顶，利用各圈层间的黏合方式，让每圈层在支撑自重的同时为未完成建造的下一圈层提供支撑；下圈层完成后又能为再下一层提供支撑。从这种设计中，不难看出古罗马遗迹的建造方式对布鲁内莱斯基的影响。

最终建造完成的穹顶直径约 40 米，至顶塔基部高约 56 米，完整且近乎完美地呈现在人们面前。可以说，布鲁内莱斯基解决了许多看似无法解决的难题，以最完美的形式实现了中世纪的设计构思。

圣彼得大教堂穹顶

与你共赏

穹顶上的顶塔

　　在布鲁内莱斯基逝世前不久，他又设计了立在佛罗伦萨大教堂穹顶之上的顶塔。该顶塔自建造以来，一直被奉为灯笼式顶塔的典范。其形状类似于灯笼，功能在于遮盖穹顶顶部的开口，并且让光线尽可能多地透入。

佛罗伦萨大教堂穹顶上的顶塔

圣彼得大教堂穹顶上的顶塔

这样的设计不仅使教堂的内部更加明亮，也使建筑的外观看起来更加宏伟。因其功能性与美观性兼备，被后世建筑师广泛采用。

　　文艺复兴时期的另一位建筑大师布拉曼特，在蒙托里奥的圣彼得教堂穹顶上也设计了这种灯笼式顶塔。

◎ 佛罗伦萨育婴堂

　　在佛罗伦萨大教堂穹顶主体施工期间，布鲁内莱斯基并没有只专注于这一项工程。于1419年至1424年间建造的世界首家育婴堂，是布鲁内莱斯基设计的第一座真正意义上的文艺复兴建筑。

　　这座建筑物的外观不仅高贵雄伟，而且富有个性，是佛罗伦萨首座能够让人清楚看到古典建筑风格的建筑。育婴堂最具代表性的部分是外拱廊，拱廊由一系列圆拱、其上的水平构件以及小拱顶（由拱廊的柱子和外墙上的枕梁支撑）构成。古典形式在拱顶开间平面、柱头、柱子以及枕梁的采用上都有所体现。人们不仅可以从拱券、拱顶和一些细部看到早期文艺复兴的风格，也能从一些设计中发现古典主义元素的演变。

　　在一些建筑师的作品中，能够清楚看到其设计者对育婴堂的思考与借鉴。如多纳太罗与米开罗佐的共同作品——圣弥额尔教堂的壁龛。该作品之所以能最终呈现出比育婴堂更古典的感觉，在很大程度上要得益于育婴堂的建造。

佛罗伦萨育婴堂

◎ 圣洛伦佐教堂和圣灵大教堂

在布鲁内莱斯基逝世后才竣工的两座教堂——圣洛伦佐教堂和圣灵大教堂也是布鲁内莱斯基设计修建的著名建筑。这两座同是拉丁十字平面范式的建筑，共同构成了布鲁内莱斯基的风格典范。

15世纪中叶，圣洛伦佐教堂在一座年头已久的教堂上进行重建。重建的教堂中需要设置很多礼拜堂，其数量要满足生活在修道院里的修道士的需要。为了使布局更加合理，布鲁内莱斯基把这些礼拜堂设置在耳堂的两边和末端，同时采用已有的平面类型，并使其遵循一定的数学规律，最终获得了理想的数量与比例关系，使其成为比例平面的典型。但这种布局也存有缺陷，就是礼拜堂的设置位置会导致耳堂的角部留有缝隙。为了处理这一缝隙，布鲁内莱斯基巧妙地设置了新、旧圣器室加以填补。

圣洛伦佐教堂的内部采用传统的方式，主轴方向的空间进深以及垂直于主轴由主堂向侧廊的空间秩序，均显示出设计者依据透视法的法则加以设计的意图。另外，该教堂在立柱和天花板处都引用了古典的要素，并没有沿袭传统样式，而是在其基础上确立了新的构成原理，使整体上塑造出新的空间效果。

在设计佛罗伦萨圣灵教堂时，布鲁内莱斯基则进一步发展出一种集中式的会堂类型。教堂的室内空间遵循着数学原则，平面完全对称。从本堂到边廊，全部都用同样的处理方法。整个建筑遵循着比圣洛伦佐教堂更为严格的比例关系，其细部上表现出的各种"古典主义"，如科林斯圆柱、本堂上部的传统平顶等，也都比圣洛伦佐教堂更好地体现出布鲁内莱斯基转向古典原型的尝试。

佛罗伦萨圣洛伦佐教堂原始立面

佛罗伦萨圣洛伦佐教堂内部结构

　　圣灵教堂之所以能成为会堂式教区教堂的完美典型，主要是因为布鲁内莱斯基在效法古罗马的世俗会堂和佛罗伦萨圣十字教堂等中世纪建筑的基础上，在形式上进行了相应的变体。这不仅完善了佛罗伦萨圣十字教堂在布局上的缺陷，也使该建筑完美地复归到古代建筑风格。

　　另外，圣灵教堂完美地体现了布鲁内莱斯基的艺术追求。他在中厅中运用了藻井天花和列柱，这不禁让人回想起古代的长方形大教堂。不仅如此，他还用一些方法使内部空间变得更加均匀与和谐。比如，采用规则四边形去划分平面；在正视图中，使大型连拱廊与长窗高度相等；等等。

佛罗伦萨圣灵教堂

◎ 圣十字教堂巴齐礼拜堂和天使圣马利亚圆堂

同样是布鲁内莱斯基最著名的作品之一，被后人视为杰作和新风格代表去讨论的建筑还有圣十字教堂巴齐礼拜堂。它是15世纪30年代布鲁内莱斯基风格即将进行转变时期的作品。

由于圣十字修道院有的部分已经建成，因此布鲁内莱斯基只能在其基础上进行发挥。巴齐礼拜堂的装饰在布鲁内莱斯基的所有作品中最为华丽，他把建筑构造体系和意大利彩陶浮雕结合在一起（在罗曼式和哥特式建筑传统中未曾有过这种结合）对教堂进行装饰。从某种意义上讲，正是这一创新，使巴齐礼拜堂成为一种建筑形式的原型。这种建筑形式在后世被广泛运用，形成了文艺复兴建筑的一个特征。

除了以上提到的建筑，布鲁内莱斯基另一个值得关注的建筑是天使圣马利亚圆堂。它是集中式平面这种新风格的第一个建筑实例，不仅体现了布鲁内莱斯基技巧的成熟，也印证了他颇具个性的创作风格。

在天使圣马利亚圆堂的设计上，布鲁内斯基第一次采用了完全支撑在柱墩上的结构类型。八个形式复杂的粗壮柱墩围成一圈，便构成了中央空间和礼拜堂。柱墩在支撑鼓座和八角形中央空间穹顶的同时形成了周边八

巴齐礼拜堂建筑装饰

个礼拜堂的侧墙，各个礼拜堂之间都是相通的。礼拜堂内部及其间的线脚、壁柱造型，以及万神庙式的穹顶，都使这个建筑和圣灵教堂很相似。整个建筑的外部以墙相连，形成平面和凹龛相间的十六边形。墙体是完全按照体量设计的，为三度柱墩实体，并以此形成各个空间部分。从这些造型中可以清楚地看到古罗马建筑的影子。

布鲁内莱斯基在其建筑设计中完美地结合了中世纪的传统建筑风格，以此创造出自己的风格，而天使圣马利亚圆堂则是这种风格演进中一个既成熟又极具个性的实例。不管是在建筑构图还是结构技术方面，它都为后世树立了一个标准，为这种建筑类型的发展起到了积极的影响作用。

理论的奠基者——阿尔贝蒂的
建筑理论及作品

理论的奠基者——阿尔贝蒂

阿尔贝蒂·利昂纳·巴蒂斯塔出生于 1404 年，青年时一直在威尼斯接受人文领域的基础教育，直到 1428 年才第一次回到佛罗伦萨（出生时他的家庭正遭受流放，所以他没能在佛罗伦萨长大），并在那里结识了布鲁内莱斯基和其他当时活跃在佛罗伦萨的建筑师们。阿尔贝蒂的建筑研究方向与布鲁内莱斯基有所不同，他没有将过多精力放在创作与建筑实践中，而是更倾向于建筑论著的书写。因为在对建筑产生浓厚兴趣之前，阿尔贝蒂已经是一个坚定的古典文化学者和享有盛名的论文学家，所以他经常从理论原理、学术和历史的角度出发去看待建筑问题。而阿尔贝蒂之所以能够成为文艺复兴时期活跃在建筑领域最重要的建筑师之一，离不开他对古代建筑遗迹的研究，也离不开他对古代建筑理论的挖掘，更离不开他在将理论与实际相结合这一做法上付出的坚持与努力。

阿尔贝蒂的理论著作

1432 年，阿尔贝蒂去往罗马。和布鲁内莱斯基初到罗马一样，他在那里看到了很多古代遗迹，并被它们所吸引。出于对建筑的兴趣与热情，他将目光聚焦在维特鲁威这位古代建筑师身上。从这位大师的论著里，阿尔贝蒂细心提炼着有关建筑类型、柱式以及建筑比例等方面的理论知识。与此同时，他也对古迹进行着精深的研究，这些努力都在为他以后创作出杰出的理论著作做着铺垫。

1452 年，阿尔贝蒂呈递给教皇尼古拉斯五世一本论著《论建筑》。这部论著是自维特鲁威以来第一部大型建筑论著，奠定了他建筑理论家的地位。

阿尔贝蒂于 1443 年着手于这部作品的创作，他的初心是要写一本更加系统、更加细致、更具有文学性的论著。这种想法的产生不仅是受了维特鲁威启发的结果，也是他为古代罗马建筑的遗存一天一天走向破败衰亡感到悲痛与惋惜的体现。阿尔贝蒂在这本论著中整合了建筑师的创作活动和所处社会的政治背景，在提供大量实践信息的同时，引进了以规划和比例为基础的建筑美学观念。在奉行维特鲁威的一些建筑主张的同时，他还从人文主义的角度出发，用人体的比例来解释古典样式。在创作《论建筑》这部作品的过程中，阿尔贝蒂和很多艺术家一样，不一味遵从于所效仿的伟人，而是将自己的想法融合进去，大胆进行构思与尝试。《论建筑》的手抄本于 1483 年问世，对文艺复兴时期活跃在建筑领域的艺术家们产生了不可忽视的影响。直到 15 世纪末之后，这部专著依然是一本很有价值的建筑理论书。

也正是由于这本著作的完成，阿尔贝蒂之后的建筑作品才能呈现出更优质的建筑效果。从他对佛罗伦萨鲁切拉伊府邸立面和曼图亚的两座教堂的设计中，人们都可以清楚地看到，他是如何将与古代建筑学原理相一致的思想完美运用到实践中去的。

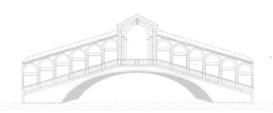

延 展 空 间

阿尔贝蒂的力作——《论建筑》

《论建筑》，又名《阿尔贝蒂建筑十书》，是阿尔贝蒂留下的最具价值与影响力的理论著作，用拉丁文写成。在创作的过程中，阿尔贝蒂效仿维特鲁威的《建筑十书》，把自己的书分成 10 个部分，每卷的标题分别为《草图》《材料》《作品》《一般的建筑》《特殊的建筑》《装饰物》《教堂装饰物》《公共建筑装饰物》《私人建筑装饰物》及《建筑物的修复》。这本书完整地体现了阿尔贝蒂与维特鲁威相一致的建筑主张——建筑物需经济、美观、实用；而三者中最主要的是经济与实用。

阿尔贝蒂的建筑作品

◎ 佛罗伦萨鲁切拉伊府邸立面

阿尔贝蒂设计的佛罗伦萨鲁切拉伊府邸是第一个完全采用古典柱式进行理念划分的宫邸建筑。它代表了佛罗伦萨重要府邸类型的一种（另一种类型体现在美第奇宫上）。鲁切拉伊府邸是将古典主义柱式用于府邸建筑正立面的第一次系统性的尝试，整座建筑在表达上也确实展现出了更自觉的古典风格。为了表现建筑的庄严宏伟，也为了区分楼层，阿尔贝蒂决定采用柱式构图。而外墙表面垂向叠置壁柱的做法，则是参考罗马大角斗场构图的结果。

在该建筑的立面上，同样可以看到来自罗马建筑其他方面的影响，如比例宽阔的大门、底层的小矩形窗、带有"网状砌面"图案花纹的基座部分。虽然阿尔贝蒂仅仅负责这个建筑的立面设计，但他在这里进一步确立了壁柱立面的原型。而有意把壁柱体系和传统的粗面石立面相结合的做法则是他的个性创造，在建筑领域有其重要的价值与意义。

◎ 圣塞巴斯蒂亚诺教堂和圣安德烈教堂

阿尔贝蒂晚期建筑设计作品是在曼图亚建造的两座教堂——圣塞巴斯蒂亚诺教堂和圣安德烈教堂。在这两座教堂的设计上，他通过自己的理解再现了古代的宗教建筑。

1460年建造的圣塞巴斯蒂亚诺教堂是一个供奉还愿教堂，采用希腊十字平面和独特的集中式布局。这种布局在当时可以说是一种新的形式，其构思显然源于罗马的墓构和早期基督教的圣祠。

圣塞巴斯蒂亚诺教堂分成上下两部分。上教堂的十字形空间里配有少量的壁柱和挑腿，下教堂如地下室般，是一个布满柱墩的七开间厅堂，主题空间呈现出一个直径17米的巨大交叉拱顶。该建筑的立面类似于古典神庙，是古代后期建筑的一个奇特的变体形式，其中表现出人们所熟悉的罗马行省母题的影响。

该建筑本该是文艺复兴时期意大利宗教建筑中最奇特的作品之一，但遗憾的是，只完成一部分建造便遭弃置了，后来被改建为战争纪念馆。不过从已完成部分已经可以看出，这一时期阿尔贝蒂身上具备着大胆尝试的个性。

在阿尔贝蒂去世两年前，他设计了自己最后一个被后人反复讨论、学习与模仿的作品——圣安德烈教堂。

这座教堂的平面类型与圣塞巴斯蒂亚诺教堂不同，在平面上，采用的是拉丁十字平面；在立面上，采用的是仿神庙立面与凯旋门式母题相组合的形式。相比之下，圣安德烈教堂的设计要更为完美，影响也更大。

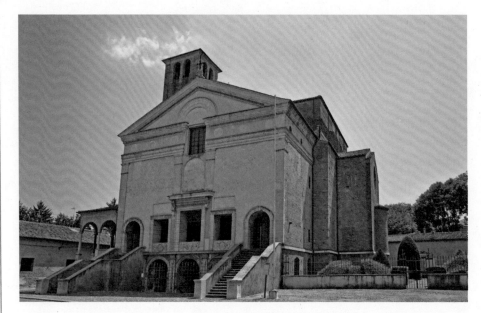

圣塞巴斯蒂亚诺教堂

　　圣安德烈教堂建成的时间跨度很大，刚动工没多久阿尔贝蒂便离开了人世。据相关资料记载，在相当长的一段时间里，人们都尽可能按照阿尔贝蒂的构思及其模型继续建造，所以后人还是能清楚地从中看到阿尔贝蒂的设计构思与风格。

　　在设计过程中，阿尔贝蒂认为，类似于古罗马浴场那种大型的筒拱顶无法用布鲁内莱斯基那类纤细的圆柱去做支撑，所以他以古罗马建造者们所用的体系为基础，创造了自己的一套支撑体系，调整出甚至比布鲁内莱斯基更为"古代"的空间形制。

　　该建筑的本堂上覆筒拱顶，拱顶由极厚的侧墙支撑，跨度17米，本堂两侧交替布置着一系列礼拜堂。由此形成的室内效果表现出沉重的建筑效果和古罗马风格，比以往任何建筑都更接近古代原型。

　　从阿尔贝蒂的一系列作品中可以看出，他明显在以古罗马的原型为基础进行建筑设计，但并不因此被束缚。他对古代建筑的研究热情与敢于试验且极具胆识的个性，都对后期建筑师们产生了深刻而长久的影响。

圣安德烈教堂

综合的表现——菲耶索莱修道院和
皮蒂府邸

在意大利文艺复兴建筑风格发展到一定程度的时候，著名的建筑大师都各有其风格，受到建筑界的欢迎和推崇，于是形成了相互融合、学习、模仿的趋势。由此，一些融合了各个大师建筑风格的文艺复兴建筑就产生了。其中，最具代表性的建筑作品是菲耶索莱修道院和皮蒂府邸。

菲耶索莱修道院

菲耶索莱修道院可以说是 15 世纪中叶最迷人的建筑之一。该建筑始建于 1461 年，参与建造的众多佛罗伦萨匠师们用不同的方式对建筑构图的技巧进行挖掘，以使其尽可能地具有特色。

该建筑总平面和阿尔贝蒂设计的曼图亚圣安德烈教堂很相似，本堂上覆盖拱顶并且带侧面礼拜堂。建筑整体的规模和尺寸以及比例和光影效果都给人一种奇妙的空间印象。建筑内部优雅节制的造型更突出了室内简朴、庄严的效果。

布鲁内莱斯基和阿尔贝蒂两位大师都曾因为该建筑某一方面的设计特点接近其风格而被认为是这座建筑的设计者，但因信息不足，该建筑的创作者始终无法确定。有一种说法是，"可以把这个大教堂看作一些不知名的佛罗伦萨建筑师在1450年到1480年间合作完成的作品；布鲁内莱斯基、米开罗佐以及阿尔贝蒂则是这些人精神上的导师；还有许多人，如业主和匠师等都参与了该建筑的建造工作并为其贡献了自己的一份力量"。

菲耶索莱修道院

皮蒂府邸

于 1487 年建造的皮蒂府邸，是佛罗伦萨最壮美的建筑之一，其以建筑规模的庞大被人们所关注。该府邸坐落在佛罗伦萨广场边长较长的那一面，原有的建筑规模加之后来拥有者对它的不断扩建，使它成为佛罗伦萨宫邸建筑的代表。和菲耶索莱修道院一样，由于该建筑展现出的一些设计特征，布鲁内莱斯基和阿尔贝蒂等建筑师都被推测过可能是该建筑的作者。

虽然该建筑最初的设计者已经无法被确定，但从大型粗石面的各种线脚和直接从各个石块上雕凿出来的门窗边饰等方面可以看出建筑师熟练的技术与艺术品味。

皮蒂府邸正面

　　该宫殿高 37 米，长 201 米，几乎是用一大块山的巨大方形顽石建成的。皮蒂宫的正面几乎没有任何的装饰，看上去高贵而且简洁。每层楼上都有的、一共被重复了三次的一样的屋檐是其正面唯一的点缀。

　　这个宏伟建筑的基本构想是来自其最初的拥有者卢卡·皮蒂。卢卡·皮蒂是一位富豪，曾说过想建一座窗户比美第奇宫的正门入口还要大的宫殿。理所当然地，美第奇府邸也就成了这座建筑的比照对象。而皮蒂府邸的真正价值或许体现在，设计者用佛罗伦萨传统的形式与部件来展现其巨大的尺寸。建造之初，这座府邸仅由中央 7 开间组成。在该建筑中可以看到美第奇府邸的每个母体的放大版。府邸背面两翼以及中间建筑的外部墙壁上，从下到上的三层分别装饰了多利克式、爱奥尼亚式、科林斯式的古典柱头，各层高达 40 英尺，这是源自对古罗马建筑的真正理解。

皮蒂府邸背面

另外值得一提的是该府邸的宴会厅，它不仅是佛罗伦萨的第一个拱顶宴会厅，还在以后很长时间里都是这一类型设计的唯一实例。虽然后来被不同程度地整改过，但如今的人们依然能从中感受到这个宴会厅的早期规模。

　　皮蒂府邸之所以如此引人注目，是因为其"夸张"的特征：墙上极其粗犷的大块石头、规则布置的门窗洞口、高大且各处均具有同样高度的楼层……尽管这些表现看上去很夸张，但建筑师们仍然严格按照定则去设计，体现出对佛罗伦萨学派的遵从与继承。

延 展 空 间

皮蒂府邸的"前世今生"

　　皮蒂府邸最开始是佛罗伦萨银行家卢卡·皮蒂为自己建造的住宅，至其去世也未能建完。1549 年，皮蒂家族破产，将皮蒂府邸转手卖给佛罗伦萨的统治者——美第奇家族。

　　但美第奇家族购买了皮蒂府邸之后，并未更名，只是在建筑的外部进行了改建和扩建，完成此次改建的建筑大师是瓦萨里。

如今，皮蒂府邸已经成为意大利非常重要的博物馆。二楼的王室住宅以及帕拉蒂娜画廊主要陈设美第奇家族收藏的各个时期的精美艺术品，包括 500 多幅文艺复兴时期的绘画。三楼是现代艺术馆，主要收藏 18 世纪至 20 世纪初的艺术作品。同时，此府邸还收藏了一批价值极高的银器、宝石作品，因此被称为"银色博物馆"。

继承者的成果——15世纪后期佛罗伦萨的建筑师及作品

15世纪后期的佛罗伦萨，活跃着很多建筑界的重要人物。除了建筑师，还有一些知名艺术家，如罗塞利诺兄弟、朱利亚诺·达马亚诺，他们创作的优秀建筑作品，同样为这个多样化阶段提供了优秀的案例。

贝尔纳多·罗塞利诺

贝尔纳多·罗塞利诺原是一名雕刻师，他的艺术修养很高，技巧也相当娴熟，加之其极强的变通能力和雷厉风行、大刀阔斧的工作作风，使他备受当权者的青睐。

　　教皇庇护二世曾委托贝尔纳多将其故乡所在的村落中心改造成主教所在地和一个小型文艺复兴城市，这一委托巩固了贝尔纳多在建筑领域的地位。贝尔纳多于 1459 到 1462 年间在皮恩扎完成的这些作品不仅成了他的代表作，也充分体现了他的个人风格与特色。

　　在这个建筑群中，始建于 1459 年的皮恩扎大教堂为德国厅堂式教堂的一个意大利翻版，立面也用同样的方式进行了古典化的变通处理。市政厅和主教宫由阿尔贝蒂重新设计和改造，主教宫则颇具罗马的特色。

　　这里着重要说的是皮科洛米尼宫。在这座府邸的设计上，贝尔纳多采用的是佛罗伦鲁切拉伊府的变体形式。因为贝尔纳多曾是鲁切拉伊府邸的承建

皮科洛米尼宫（右）

人，所以不难理解，他把该府邸看作仿古宫殿的典范与样本。从皮科洛米尼宫的立面上可以清楚看到阿尔贝蒂的影响，比如其立面采用的那种大角斗场的构图母题，显然是仿照阿尔贝蒂的做法。主层和顶层的双重科林斯柱式也与阿尔贝蒂的设计如出一辙，但底层的托斯卡纳柱式的设计要比阿尔贝蒂的更为精准，是文艺复兴时期这种柱式的最早实例之一。

皮科洛米尼宫内部景色

皮恩扎小城文艺复兴建筑群

从教皇庇护二世委托贝尔纳多在皮恩扎小镇建立文艺复兴建筑开始，文艺复兴城市建设的设想便第一次被付诸实施了，因此皮恩扎也被称为"文艺复兴都市生活的试金石"。

皮恩扎小城的文艺复兴建筑群主要围绕庇护二世广场分布，主要有皮恩扎大教堂、皮科洛米尼宫、市政厅、主教宫等。这些建筑主要以石灰岩建成，体现出浓郁的文艺复兴建筑风格。

皮恩扎小城俯瞰风光

皮恩扎广场——左侧
为主教宫，中间为皮
恩扎大教堂，右侧为
皮科洛米尼宫

皮恩扎市政厅

安东尼奥·罗塞利诺

15 世纪后期，佛罗伦萨的建筑装饰观念和建筑观念并驾齐驱，都展现出积极的试验性质。在这一方面有所成就的代表人物是贝尔纳多的弟弟安东尼奥·罗塞利诺。他起初在哥哥贝尔纳多和家人一起开创的一所创作室里当助手，后因为自己突出的创造才能被大众熟知。

安东尼奥最具有意义的一个成就便是促成了真正的"合成艺术作品"。1461 至 1466 年间，安东尼奥监造了圣米尼亚托教堂内的葡萄牙红衣主教礼拜堂。总体来看，这个礼拜堂是一个葬仪祠堂的变形，但安东尼奥融合了自己新的构想，并且以丰富的高级材料进行装修。各种各样的装修材料，地面、墙面等部分的镶嵌细工，以及穹顶色彩鲜亮的釉陶，共同呈现出一种无与伦比的效果。

这个礼拜堂不管在施工上还是在制作上，都表现出高超的技艺水准，成为 15 世纪托斯卡纳地区墓寝建筑的典型代表。安东尼奥将建筑雕刻和装饰密切结合在一起，从而得出的这一"合成作品"，不仅开阔了后代艺术家们的眼界，也为将建筑雕刻和装饰相结合这一理念提供了优秀的范例。

朱利亚诺·达马亚诺

除了罗塞利诺兄弟外，15 世纪另一位重要的建筑师是朱利亚诺·达马亚诺。朱利亚诺在成为建筑师之前曾是一名木工。从他设计的帕齐 - 夸拉泰西府邸中可以窥探到建筑师布鲁内莱斯基的影子（如胸墙层的圆窗），其中一些细部装饰呈现出的优雅之感则让人想到乌尔比诺公爵府。朱利亚诺的其他作品，如佛罗伦萨斯特罗齐诺府邸的收尾工程、圣吉米尼亚诺教务会堂、圣菲纳礼拜堂等也都基本承袭着布鲁内莱斯基和米开罗佐的理念与规则。

真正体现朱利亚诺个人才能的是他对斯特罗齐诺府邸的粗面石和圣菲纳礼拜堂阿尔贝蒂式壁柱的处理。其中展现出的纪念性造型和宏伟构图为他在接下来的作品中能够延续此风格开了一个好头。这一风格的延续，体现在1474 年奠基并由地方匠师完成的法恩扎大教堂上。根据相关资料记载，这个会堂式建筑带有甚宽的边廊和侧面礼拜堂，本堂由一系列方形帆状穹顶跨间组成，交替布置的支柱、平素的装饰造型，使室内具有一种简朴庄重的气氛，和菲耶索莱修院教堂颇为相近。

15 世纪后期，像罗塞利诺兄弟和朱利亚诺这样，以自身的建筑素养和建筑才能活跃在建筑领域的建筑师们，无疑为佛罗伦萨成为世界级文化名城做出了重要的贡献。他们一边遵从与发扬建筑传统，一边不断实验与创新，通过长久而持续的努力，为世界留下了极具意义的建筑成果。这些成果也伴随后来人，在创造建筑走向辉煌的路上发挥着自己的效用。

建
筑
巅
峰
艺
术
体
验
——
文
艺
复
兴
建
筑
解
读

法恩扎大教堂

个性的创造——米开朗琪罗
在佛罗伦萨的建筑作品

　　文艺复兴时期最富有创造性的一位建筑师当属米开朗琪罗·博那罗蒂。人们可能是从不同领域得知这位艺术家的，因为在绘画、雕塑、建筑、诗歌等方面，他都有着足以令人尊崇的卓越成就。

文艺复兴三杰之一——米开朗琪罗

　　1475 年，米开朗琪罗出生于距离佛罗伦萨不远的卡普莱斯。早年在罗马时他主要从事雕刻工作。1496 年辗转到罗马，这期间创造了一些知名的雕塑作品，比如《酒神巴库斯》《哀悼基督》等，后来回到佛罗伦萨，创造了其雕刻代表作《大卫》。

1516年，米开朗琪罗接到了第一个建筑项目，即为圣洛伦佐教堂设计立面。从大约1520年开始，米开朗琪罗花费十几年的时间设计和建造佛罗伦萨圣洛伦佐教堂。

尽管米开朗琪罗涉足建筑设计的时间较晚，但从他留下的许多画稿中可以发现，他早先便一直关注着建筑问题，并且其建筑风格不拘成规、随性洒脱、富有创造力。

在佛罗伦萨生活期间，米开朗琪罗的建筑作品并不是很多。但不管是圣洛伦佐教堂新圣器室，还是圣洛伦佐教堂图书馆的设计，都能够展现出他天才般的创造力。

米开朗琪罗的建筑作品

◎ 圣洛伦佐教堂的立面与新圣器室

在米开朗琪罗到佛罗伦萨之后的20年里，他的几个重要建筑设计都和圣洛伦佐教堂有关。1516年，米开朗琪罗被委任为圣洛伦佐教堂的立面做一个木构模型。大约一年后，经过反复修改的设计方案终于得以确定下来。在第一批设计里，米开朗琪罗采用了圣加洛的大理石立面方案：立面的总体轮廓与会堂式的建筑剖面对应，两层本堂高出单层的边廊。另外，在立面设计中，米开朗琪罗也纳入了许多雕刻的立面，从而体现出他想要将建筑和雕刻融为一体的理想。为了这个方案能顺利实施,米开朗琪罗耗费了很多精力和财力,但遗憾的是,该方案最后还是被放弃了。

虽然将"建筑和雕刻合为一体"的理想在圣洛伦佐教堂立面设计上覆灭了,但在接下来的圣洛伦佐教堂新圣器室的设计中,米开朗琪罗的这种意图却得到了部分实现。新圣器室于 1519 年开始建造,与布鲁内莱斯基的旧圣器室相呼应,一些做法也与其相似,如室内采用灰色石头构件和白色抹灰墙面。从某些方面上看,那一时期的米开朗琪罗正是在用古典主义建筑来再现布鲁内莱斯基的主题。但他并没有完全照搬,而是在老圣器室的基础上引进了一些自由的变化。为了在风格与尺度上和主要柱式形成对比,米开朗琪罗在具有突出造型的灰色壁柱之间设置了由成对壁柱、龛室、山墙和涡券挑腿组成的建筑部件。同时在方形平面上采用了万神庙式的半球形穹顶(区别于布鲁内莱斯基那种浅的伞形拱顶),表现出地道的罗马古典风格。这是第一个重现万神庙藻井母题的文艺复兴穹顶,空间的巨大高度使它看上去更加狭窄高耸。

曾作为米开朗琪罗学徒的瓦萨里在提及该建筑时说道:"他希望模仿布鲁内莱斯基设计的旧圣器室,但用另一种装饰,采用了一种混合的装饰,形式要比新旧任何时代的大师都要更具独创性。美丽的檐口、柱头、柱础、大门、陵墓等都独具一格,与那些受尺寸、柱式和约束的作品截然不同。"从这些话里不难看出米开朗琪罗的设计用意。

◎ 圣洛伦佐教堂图书馆

圣洛伦佐教堂图书馆是米开朗琪罗在佛罗伦萨期间另一个重要建筑项目。该工程开始于 1524 年左右,和圣洛伦佐教堂新圣器室一样,在米开朗琪罗 1534 年离开佛罗伦萨时尚未完成,后由特里博洛、瓦萨里等人按照米开朗琪罗的口头指示继续施工，直到 1571 年图书馆才得以开放。

　　在这个项目的设计上，比起对传统建筑的继承，米开朗琪罗的奇特创新则更值得注意。针对这一项目，瓦萨里的评价是："继新圣器室之后，米开朗琪罗在圣洛伦佐图书馆通过布局优美的窗户、带纹样的天花板和精彩的门厅或设防区域，更清晰地展示了他的方法。无论是整体还是局部，无论是支柱、圣龛、檐口还是楼梯，都展现出前所未见的优雅风格。他对台阶的外形做出了如此奇特的突破，大大地偏离了其他人常规的做法，让所有人都大为惊奇。"

　　瓦萨里的这段文字很好地说明了米开朗琪罗为建筑领域带来了怎样的一股个性化创造之风。那些看到他作品的艺术家们不仅效仿他在建筑中打破规则的做法，也深受他某些奇特构思的启发，以此更大胆地在这条"怪异之路"上行走，并做着新的尝试。

第三章

文艺复兴建筑的兴盛——
罗马的建筑大师及建筑

公元15世纪末，随着佛罗伦萨政治经济中心地位不再，文艺复兴建筑的发展也从佛罗伦萨转移到了罗马。以此为标志，文艺复兴建筑的盛期开始了。

作为在古希腊罗马遗迹上发展起来的城市，罗马有着丰厚的历史文化底蕴和可考的建筑实物与理论储备。在这座城市中留存的建筑遗迹与知识为来到这里的文艺复兴建筑师们提供了大量灵感。在古典与新兴的碰撞中，一座又一座令后人震撼的文艺复兴建筑在罗马拔地而起。

废墟的重建——早期的古建筑

修复和风格创新

废墟上的城市重建

与佛罗伦萨纯粹的、热情的、自由的文艺复兴思潮不同，作为自古以来的宗教中心，将文艺复兴的思想融于罗马的建筑理念当中，并不是一蹴而就的，而是经历了将近一个世纪的漫长过程。直到15世纪末之前，罗马一直处于城市的重建过程中。由于罗马的特殊历史原因，当时的重建工作被交付给应召或自主前来罗马的"外乡人"负责，这些"外乡人"便是这一时期的建筑师们。

最先得到修复的是罗马两个重要的教堂——圣彼得大教堂和拉特兰的圣约翰大教堂。同时，在教皇的支持下，罗马的古代城市道路也得到了一定程度上的复原。1431—1447 年，罗马有一件值得庆贺的事情，那便是万神庙的修复。除了原先已经破损的前院和穹顶得到了整修外，建筑师们还在万神庙前铺砌了广场，这也为之后文艺复兴建筑在罗马的兴盛提供了参考。

时间走到 15 世纪中期，属于罗马建筑的文艺复兴时期开始了。当时的教皇尼古拉五世主持完成了修葺城墙、整修 40 个重要教堂与城市的改造项目，其中包括了梵蒂冈宫的扩大与圣彼得大教堂的继续重建。此外，他还主持修复了供水系统并整修了三条主干道，为后续的建筑兴建提供了便利。此

罗马万神庙与前广场

罗马万神庙穹顶

后，还有持续到 15 世纪末的大规模的包括整修广场、宗教建筑、公共设施等在内的城市改造与重建工作。这些举措奠定了文艺复兴建筑在罗马兴起的基础。

属于罗马的风格创新

经由前人不断的修复与重建，罗马的城市系统为 15 世纪下半叶的建筑创新提供了基础。最早使城市具有了新面貌的，是 1471 年后西克斯图斯四世时期产生的一批极富创新性的宗教建筑。

◎ 人民圣母教堂

在罗马最早的一批文艺复兴建筑中，人民圣母教堂是较为重要的一座，它于公元 15 世纪末进行了重新修建。

最开始修建时的人民圣母教堂由主礼拜堂与带有 4 个小礼拜堂的后殿组成。柱墩粗壮，使用了两种古典柱式，而且使用了圆形拱顶且弧度流畅，这是这座建筑上所带有的明显的文艺复兴风格的表现手法。在空间的打造上，这座教堂也进行了严谨的划分，使得空间分割简练且有力。这种空间观念的应用更加接近古罗马建筑中的表现。这座教堂也是真正意义上的以古罗马建筑真迹为模板完成的建筑。

建
筑
巅
峰
艺
术
体
验
——
文
艺
复
兴
建
筑
解
读

人民圣母教堂

人民圣母教堂的内部结构

◎ 梵蒂冈宫的西斯廷礼拜堂

梵蒂冈宫的西斯廷礼拜堂是这一时期的又一建筑力作，它是罗马梵蒂冈宫的一部分——教皇礼拜堂。

西斯廷礼拜堂始建于 1480 年，这一礼拜堂的突出特点是没有歌坛和其他附属建筑，只是一个简单的长方形空间。但就是这简单的空间里却融入了经过细致研究的比例的概念。通过在比例上的细致打磨，这座礼拜堂产生了强烈的空间效果，再配合总面积达 1080 平方米的穹窿顶，教堂庄严的气势得到了最大限度的展现。

这座著名的礼拜堂，除了建筑技艺上极具文艺复兴风格外，米开朗琪罗还在 15 世纪初期为这座礼拜堂绘就了壁画以及天顶画，使这座礼拜堂成了无论从外在还是内涵上都当之无愧的罗马文艺复兴建筑中的杰作。

西斯廷礼拜堂内的装饰壁画——米开朗琪罗《创世纪》

盛期的经典——圣彼得教堂的

设计与建造

最初的圣彼得教堂

在介绍由文艺复兴时期的诸位大师级建筑师分阶段主修完工的圣彼得教堂之前，我们首先回到距离文艺复兴时期往前1000多年的公元4世纪，去看一看在没有经过文艺复兴时期重修的圣彼得教堂是怎样的存在。

公元326—333年，得到重新统一并盛极一时的罗马帝国的统治者君士坦丁大帝在圣彼得墓地修建起了最初的圣彼得大教堂，后世称为"老圣彼得大教堂"。

到了属于文艺复兴时期的 15 世纪中叶时，老圣彼得大教堂已处于相当残破的状态。老的巴西利卡式建筑已经是"过时"的形制，没有使用当时流行的柱式和拱顶，没有宽阔的空间，即便恢复使用也可能有损统治者的颜面。因其在历史上极其重要的地位，直至 16 世纪初也没有哪位统治者敢于对其进行完全的重建，直到 1505 年布拉曼特的加入。

自布拉曼特开始的大师级重建项目

1503 年，当时在位的统治者犹利二世决定重建圣彼得大教堂。1505 年，他和当时赫赫有名的文艺复兴建筑师布拉曼特达成了一致：赋予布拉曼特权力，让其对圣彼得大教堂进行旧址拆毁和新教堂的建设。从这一刻开始，圣彼得大教堂历经 100 余年的重建工程正式开始了。

布拉曼特对圣彼得大教堂的改建是基于他对自己设计的坦比哀多教堂建造的经验。尽管对于这一段的历史记录相当稀少，但是我们仍然可以从细微之处获悉，大胆放弃巴西利卡式的建筑结构而采用集中式结构是他最开始的设想。他试图在集中式的结构中反映数学的完美性，重建一座真正意义上的古罗马建筑。但如今我们所能看到的圣彼得大教堂并不是集中式结构，而是拉丁十字形。究竟是继任者在设计观念上的不同还是历史的原因导致了在建筑结构上的变化已不可得知。

1514 年，在布拉曼特之后，圣彼得大教堂重建工程的主持工作交到了拉斐尔和佩鲁齐手中。他们二人继承和发展了布拉曼特留下来的设计，从遗留下来的不多的图纸中可以看到拉斐尔在纵向形式上的设计。1527 年，由于罗马之劫，重建工程被迫停工。之后，建筑师小丹东尼奥·达·桑加罗接手了圣彼得大教堂的主修任务。他完成了教堂中年久失修，但又值得保留的部分的重建。教堂的中间部分由于已经被布拉曼特修建的墙体墩柱所框定，因此桑加罗就在此基础上扩大了墙墩，设计出了新的类似蜂窝的穹顶。

在桑加罗之后，1547 年，米开朗琪罗接替了教堂重建的总建筑师一职。他的接任大幅推进了大教堂的重建速度。到 1564 年他去世时，短短 17 年间，圣彼得大教堂已经具备了现今人们能够见到的模样。尽管米开朗琪罗在建筑理论上并不和布拉曼特等人一致，但他还是在圣彼得大教堂的建造上保留了集中式和拉丁十字的结合。对于穹顶的设计是圣彼得大教堂的难题。历任的建筑师都力图建造一个半球形的穹顶，甚至已经

圣彼得大教堂穹顶

完成了鼓座的建造，这也是文艺复兴建筑的极大特色之一。但工程上的困难还是让这座穹顶迟迟没能完工。在米开朗琪罗过世前，他设计出了另一个形状略向上耸起的穹顶方案（但仍然是古典圆顶），由 1585 年的优秀建筑师们进行了建造。教堂的背面立起的巨大壁柱与穹顶的肋条相连，缓解了外推力，至此，穹顶才算基本完成了修建。

　　圣彼得大教堂的重建工程能够成为文艺复兴建筑历史中的典范，与其遗留和呈现出的建筑理论与实践的发展有着深刻联系。后世的研究者们可以通过这座被修复的历史建筑看到文艺复兴建筑理论与实践经验的不断创新与完善。在新旧的不断碰撞间，这样一幢宏伟的文艺复兴建筑得以完整呈现在世人眼前。不只是建筑本身，从布拉曼特到拉斐尔到米开朗琪罗再到之后承接修建的建筑师们，也都留下了大量的建筑图纸与绘画资料可供后人研究。

延 展 空 间

建筑结构中的集中式与拉丁十字式

　　建筑结构中的集中式结构是一种从巴西利卡式结构中沿袭而来的矩形结构。它的特点是把穹顶支撑在多个柱式上，以帆拱（穹顶的过渡结构）连接柱式与穹顶。这样的组成可以形成进深更大的矩形空间。使用集中式结构的建筑通常是为了能有一个主要的巨型空间来进行庆典仪式等活动。集中式结构中通常没有耳堂一类的小型空间。

拉丁十字式则是以不等臂的十字结构为主体的建筑结构。如果说集中式结构还可能出现在世俗建筑的设计当中，那么拉丁十字式结构就和它的名称内涵一样，只用于宗教建筑，尤以教堂为主。拉丁十字式以中央大厅为主体，由大厅向十字的短边两侧延伸设置有耳堂。耳堂是除了中央大厅外供宗教活动使用的小型空间。

如今的圣彼得大教堂

1626 年 11 月 18 日，圣彼得大教堂正式宣告落成。如今，它被誉为"世界上最大的教堂"。

◎ 圣彼得大教堂外观

圣彼得大教堂总面积 2.3 万平方米，主体建筑高 45.4 米，总长 211 米，可同时容纳近 6 万人。大教堂正面宽 115 米，以中轴线呈左右对称。立面上的 8 根圆柱、4 根方柱以 5 扇大门的门框线条为参考线，以各自相等的间距分列两侧。在圣彼得大教堂前还有于 1667 年完工的举世闻名的圣彼得广场。其长 340 米，宽 240 米，由两个半圆形长廊环绕，可以同时容纳 30 万人，是一位文艺复兴之后的巴洛克时期建筑师建造的。

◎ 圣彼得大教堂内部

走进教堂内部，殿堂进深可达 186 米，总面积 15000 平方米。由大理石铺就的地面在阳光的照射下反射着微光。抬眼望去，从高大的石柱、墙壁一直看到离地 120 米以上

罗马城中的地标——
圣彼得大教堂

圣彼得大教堂前的圣彼得广场

的拱顶，布满了华丽的浮雕作品。教堂中央的拱顶便是米开朗琪罗设计的杰作。

圣彼得大教堂的部分建筑风格尽管在巴洛克时期又进行了调整，但这并不影响它的整体仍能呈现出文艺复兴时期的经典风格，尤其是罗马式的穹顶设计以及柱式的应用。

圣彼得大教堂内部结构

开拓者——布拉曼特和
他的建筑作品

盛期的奠基人与他的坦比哀多礼拜堂

直到布拉曼特56岁时，他都没想过自己会成为一个建筑时代的奠基人、开拓者。尽管在他早年为意大利伦巴第的米兰公爵服务时就已经精通绘画、雕刻，并拥有从古典建筑中汲取而来的丰富的灵感。

布拉曼特因何从伦巴第移居到了罗马，又因何为教皇工作的历史已不可考，但可考的是当他于1500年前后移居到罗马后，对古典建筑的深刻理解就开始发挥作用。这也是他的作品超越了15世纪，成为文艺复兴盛期开始的象征的原因。

坦比哀多礼拜堂是布拉曼特为罗马教皇工作后的早期建筑，也是他除了圣彼得大教堂外相当杰出的作品之一。坦比哀多礼拜堂的成功使得布拉曼特对自己的理论倍感自信，乃至影响了后来圣彼得大教堂的设计。

坦比哀多礼拜堂寄托着这位伟大建筑师的建筑理想，为文艺复兴建筑带来了新的灵魂。这是一座集中式结构的建筑物，总体高度为 14.7 米。相当有特色的是，不仅穹顶是古罗马建筑中常见的圆顶，礼拜堂本身也是呈圆柱形。礼拜堂外围是以多利克柱式围成的柱廊，这一柱廊的使用既是布拉曼特个人的风格，也成了之后文艺复兴建筑经常采用的一种建筑风格。柱廊外围

坦比哀多礼拜堂全景

由 16 根托斯卡纳柱式围绕。

坦比哀多礼拜堂采用古罗马柱式和圆顶，对几何形状有严谨的要求。尽管体积相当之小，但构图极其规则，还考虑到了一定的透视效果。从种种痕迹不难看出，布拉曼特在应用这些古典建筑元素时并不只是想要模仿和重现古罗马的建筑，而是希望在古典建筑基础上展现文艺复兴时期的精神气质，这也是坦比哀多礼拜堂成为文艺复兴盛期纲领性作品的主要原因。

坦比哀多礼拜堂的成功让罗马、意大利，甚至是西欧的很多建筑师收获了灵感，在当时赢得了极高的赞誉。在欧洲一些留存至今的公共建筑中也能看到坦比哀多礼拜堂中使用过的建筑结构或元素。

坦比哀多礼拜堂圆顶

与你共赏

以坦比哀多礼拜堂为模板的建筑

坦比哀多礼拜堂建成后的数百年间，从西欧到北美，都能看到以坦比哀多礼拜堂为建筑模板修建的建筑。这些建筑大多是大型公共建筑的轴心部分，高高凸起的穹顶使建筑在城市中凸显出来。比较著名的仿建建筑是 17 世纪末英国的圣保罗大教堂和 1800 年在美国建成的美国国会大厦。

伦敦圣保罗大教堂

美国国会大厦

布拉曼特的豪情与梵蒂冈宫的观景楼

　　1505 年，除了对圣彼得大教堂的重建项目进行了敲定外，犹利二世还决定了另一项重大建筑工程——梵蒂冈宫观景楼的修建。与圣彼得大教堂一样，最开始的总建筑师也任命为布拉曼特。

　　在坦比哀多礼拜堂的顺利建设后，布拉曼特对建筑的热情倍涨。他更加刻苦地钻研古罗马遗迹，走遍罗马城的各个地区，去追求那些更加庄严宏伟的历史建筑，一心想要建造出超过古罗马的杰出建筑作品。

　　当后世的人们评价布拉曼特的代表作时，经常认为只有坦比哀多礼拜堂这一件作品。但实际上，梵蒂冈宫的观景楼也同样是属于布拉曼特的较为成熟的作品，是他对古罗马建筑进行了更多研究后的又一力作。

　　梵蒂冈宫的观景楼是一座据称"长近千英尺，高近百英尺"的建筑物，它将梵蒂冈宫与梵蒂冈山北坡的观景楼别墅连接起来。布拉曼特最开始的设计是通过一系列的台阶与别墅相连，中央是一个巨大的半圆形空间，有些类似于古希腊的半圆形剧场。观景楼的下院布置着叠置的多利克柱式和科林斯柱式，这是这两类柱式叠置结构的首次呈现。上院则是类似罗马凯旋门一般的建筑风格。这样的建造设计对后世同样产生了深远的影响。在观景楼的修建过程中，布拉曼特也同样应用了透视法进行构图，将建筑、山坡、园林等不同的景观组成了一个完整的风景画面。

梵蒂冈宫观景楼庭院

未能留存的拉斐尔府邸

　　在 16 世纪杰出的文艺复兴盛期建筑作品中，还有一项引领了 16 世纪其他文艺复兴风格的府邸建筑作品，同样是由布拉曼特主修的，那就是拉斐尔府邸。

　　拉斐尔府邸是 16 世纪相当重要的府邸设计，其前身是卡普里尼府邸，整体是由布拉曼特完成修建的。1571 年，拉斐尔将其买下后才更名为拉斐尔府邸。

　　这一建筑之所以相当有影响力，是因为它创造了一种新的建筑类型。布拉曼特参考了古典建筑中的一种上下两层，融商用与住宅为一体的公寓式建筑模式，将这座府邸的楼层数量减少为两层，下层采用粗糙的墙面设计，上层则采用精致的柱廊设计。下层商用，上层则为居住使用。

　　由于历史的复杂性以及在圣彼得大教堂及其周围地区后来的重建过程中，拉斐尔府邸遭到了拆毁，如今的人们只能从保存在伦敦的一些建筑图稿中获取一些关于这座在当时相当有影响力的新型建筑设计的相关信息了。

后继者——拉斐尔、佩鲁齐、小桑加罗的建筑作品

拉斐尔与基吉礼拜堂

作为文艺复兴三杰之一的拉斐尔·桑西，是历史上众所周知的著名画家，他的作品充满了文艺复兴时期和谐、宁静、对称的秩序之美。实际上，拉斐尔还是一个相当杰出的建筑师，他的建筑作品和他的绘画一样充满了协调有序的温柔美感。拉斐尔在建筑上偏爱使用轻薄的壁柱，以纤细灰塑作为装饰，这在他主持设计的基吉礼拜堂中得到了较好的呈现。

始建于1513年的罗马人民圣母教堂基吉礼拜堂是唯一一个按拉斐尔设

计原貌保存下来的建筑作品。基吉礼拜堂由当时兴盛的基吉家族出资建造，作为家族陵墓而使用的建筑，是人民圣母教堂中附属的一部分，被认为是罗马人民圣母教堂中最重要的古迹之一。

基吉礼拜堂如坦比哀多礼拜堂一样都属于体量较小的文艺复兴建筑，从设计开始就受到了布拉曼特的建筑理论的影响，也是主体建筑呈圆柱形，上方为圆形穹顶的设计。但在墩柱的使用上，拉斐尔放弃了布拉曼特式的高基座和看上去十分厚重的柱式体系，而是使用了轻薄的壁柱与墙面相组合的方式。穹顶也设计成了透空的结构形式，不仅可以让穹顶上的装饰绘画一览无余，还可以通过建筑结构营造明暗对比效果，使得这些装饰绘画的表现力更强。这是属于拉斐尔独特的表现手法，也是对布拉曼特建筑技法的一种调整和发展。

罗马人民圣母教堂立面

罗马人民圣母教堂基吉礼拜堂圆顶与壁画

延 展 空 间

文艺复兴三杰

　　在文艺复兴那个人才辈出的时代，思想的勃发、科技的进步、艺术的繁盛为后世留下诸多珍贵的财富。

意大利是文艺复兴的发源地。在文艺复兴刚刚萌芽之时诞生了早期的文艺复兴前三杰，即"文坛三杰"：以长诗《神曲》打开思想大门的但丁·阿利吉耶里，以《歌集》抒发人文主义情怀的弗兰契斯科·彼特拉克以及以《十日谈》借古说今的乔万尼·薄伽丘。他们是文艺复兴的先驱者，走出了一条可供后人顺利前行的文艺复兴之路。

但丁

彼特拉克

薄伽丘

14—16世纪，随着文艺复兴绘画艺术的日趋成熟，于是有了之后更为人所熟知的以列奥纳多·达·芬奇、米开朗琪罗·博纳罗蒂以及拉斐尔·桑西组成的"文艺复兴后三杰"或称"美术三杰"。他们的代表作分别有《蒙娜丽莎》《最后的晚餐》（达·芬奇绘画作品）、《大卫》《哀悼基督》（米开朗琪罗雕塑作品）以及《圣母的婚礼》《雅典学院》（拉斐尔绘画作品）。

达·芬奇

当然，这三位伟大的画家、雕塑家，同样也是建筑师，从那个时代留下的建筑手稿中便能窥见他们的建筑才能。他们代表了文艺复兴时期绘画雕塑以及建筑艺术的高峰。

米开朗琪罗

拉斐尔

佩鲁齐与法尔内西纳别墅

比布拉曼特晚 5 年定居罗马的巴尔达萨雷·佩鲁齐（1481—1536 年）可以说是一位有着广泛兴趣并且多才多艺的建筑师，他在建筑理论和艺术表现手法上的专注丝毫不逊色于与他同期的许多建筑师。但遗憾的是在那样一个大师辈出的年代，佩鲁齐的名声远不抵布拉曼特、拉斐尔等人享誉西欧。尽管他的建筑作品在风格上多少受到布拉曼特和拉斐尔的影响，但他设计的建筑仍然可以被称为是文艺复兴时期优秀的建筑作品，其中也融入了专属于他自己的建筑理念。

佩鲁齐在罗马的第一个也是他相当优秀的作品，即如今的法尔内西纳别墅，始建于 1509 年。这座世俗建筑可以说具有一定的"佩鲁齐风格"，因为它既从布拉曼特和拉斐尔的宗教建筑以及圣彼得大教堂的建筑中汲取了经验，又是一座世俗建筑，没有对宗教建筑的技法完全照搬。

法尔内西纳别墅是 16 世纪的第一个郊区别墅，从室外看去是一座两层的府邸，彩色砖构的墙面上按相应的算法距离分布着多利克壁柱和矩形的窗户。这种多利克壁柱与矩形窗的组合被称为"城市立面"，在当时是一种世俗建筑上的布局创新。

法尔内西纳别墅的厅内留存着大量的绘画作品，不仅有佩鲁齐自己的作品，还有拉斐尔等人的绘画作品，而这些绘画作品又构成了建筑透视画，同样成了文艺复兴风格的典型代表。在透视法的应用上，佩鲁齐还要更优于布拉曼特。佩鲁齐将透视幻觉扩大空间的表现手法发挥得相当出色，不仅是在内部空间的打造上，还在墙外的开放空间中进行这样的设计。

法尔内西纳别墅

法尔内西纳别墅内部的壁画

小桑加罗与法尔内塞宫

　　小安东尼奥·达·桑加罗（1484—1546年）在建筑史上的影响力和佩鲁齐不相上下。小桑加罗出生于一个建筑世家，在接触建筑理论以及参与建筑实践方面，小桑加罗比佩鲁齐要快了一步，这也使得他在建筑领域能够更快地立足。在承接圣彼得大教堂的营建过程中，他为圣彼得大教堂的穹顶建造设计了一版拱券的建筑模板，而这个模板所需要的技术要求之高前所未见。最终，小桑加罗凭借这个模板树立了自己在建筑领域的威望。

　　小桑加罗的建筑代表作是一座宫殿建筑，名为"法尔内塞宫"，这是他于1517年为法尔内塞家族设计的。法尔内塞宫是16世纪意大利最为壮美的宫殿建筑，无论是从平面、立面还是坡面图上看，它的严谨性和美观性都达到了相当的高度。建筑整体呈矩形，立面高三层，自上而下分布着起装饰作用的多利克、爱奥尼亚以及科林斯柱式，其中还有附墙的半柱。除了几何上的表现力以及柱式的多种应用，砖构的墙面以及入口处的筒拱厅堂等也是法尔内塞宫作为文艺复兴建筑作品的典型特征。

法尔内塞宫

　　小桑加罗作为一位建筑师还有一个不同于同时代其他建筑师的特点，就是他曾为军队设计城防工程，这是文艺复兴时期的建筑风格被应用于军事建筑的个例。但遗憾的是，因建筑经过多次的重修，小桑加罗本人对当时城防工程的设计已不可考。

法尔内塞宫内部结构

创新者——米开朗琪罗

在罗马的建筑作品

设计规划才能的全面展现——卡比托利欧广场

　　1475 年出生于佛罗伦萨的米开朗琪罗从小就展现出了他天才般的学习能力，世人皆知其绘画与雕塑才能超群，殊不知他的建筑才能也是出类拔萃的。最令人敬佩的是，他的建筑知识基本是靠自学而来，不可不称之为一名建筑天才。

　　如果说借由圣彼得大教堂的重建所展现出来的是米开朗琪罗精湛的结构与装饰雕刻技艺的话，那么于 1536 年开始计划翻修的卡比托利欧广场就是其城市整体规划与建筑设计才能的全面展现。

◎ 广场的创新设计

早在定居罗马之前，米开朗琪罗就已经是一位公认的杰出建筑师了，即便他本人更愿意被称为艺术家。1536 年，米开朗琪罗受召对卡比托利欧宫的宫墙进行翻修。借由对宫墙的翻修，米开朗琪罗大胆地对整个卡比托利欧宫所在地进行了整体的规划。这是米开朗琪罗完成的最为著名的大型城市规划和设计项目，也是 16 世纪最为完整的建筑群组。

米开朗琪罗在建筑营建上的特点之一是他习惯于用打磨雕塑的方式来处理建筑，这是和布拉曼特等人极大的不同之处。早在佛罗伦萨时修建的劳伦齐阿纳图书馆就是如此，而卡比托利欧广场亦如此。米开朗琪罗曾公开表示"建筑结构的元素必须遵循人体的结构法则"。在空间设计上他则更重视建筑在城市中的秩序，这也是后来卡比托利欧广场不仅外在壮观，功能也相当齐全的原因。

原本的广场中心位置是元老院，而这是不能重建只能修复的建筑。于是，米开朗琪罗创造性地在周围修建了新的建筑物，形成了一个三合围的广场。此外，米开朗琪罗还加修了台阶与栏杆，使整个广场以元老院为中轴线，呈左右对称的阶梯式。前沿开敞，不再面向古罗马广场，而是改为面向圣彼得大教堂，体现了这座广场作为罗马新的政治中心的神圣氛围。

◎ 建筑的创新设计

在广场的建筑上，米开朗琪罗也进行了大胆的突破。他的一个经典的建筑创举"巨柱式"便在修建卡比托利欧广场上的档案馆时得到了应用。他以

卡比托利欧广场建筑细节

科林斯柱式挑高贯穿了两层楼，这一柱式的高度约有14米左右。从远处看去，贯穿到顶的柱式仿佛让人回到了帕特农神庙所在的古希腊，一睹神庙中高耸柱式的宏伟气魄。

除了"巨柱式"的应用，米开朗琪罗还使用了爱奥尼亚这种更倾向于装饰性的柱式来装饰上层。这种以科林斯柱式支撑起整个建筑，而使用另一种柱式来进行辅助的建筑手法也是米开朗琪罗相当具有价值的创新之一。因为在以往的建筑师作品当中，使用双柱式并没有区分主辅作用，也不具备如米开朗琪罗的建筑作品一般的对比美感。

◎ 如今的卡比托利欧广场

随着时间的脚步一步步走向今天，曾经的卡比托利欧广场已经成了如今的罗马市政广场，曾经位于广场中心的元老院是如今的罗马市政厅所在，左右则保留着米开朗琪罗主持修建的保守宫与新宫。广场中央有一座皇帝骑马铜像，是由米开朗琪罗自圣若望门广场移过来的，并经历了漫长的修复。如今的这座铜像的原作被转移到了卡比托利欧博物馆，广场上的这尊铜像是仿照原作完成的复制品。除了这尊铜像，左右两侧还有代表尼罗河和台伯河河神的雕像，以及散在阶梯和建筑栏杆上的各类小型雕塑作品也成了如今罗马市政广场的一道亮丽的风景。

卡比托利欧广场

　　卡比托利欧广场，即如今的罗马市政广场，是文艺复兴时期的权力中心，也是罗马当时至高权力者地位的象征。借由米开朗琪罗之手，建筑与雕塑之美融为一体，成了秩序与和谐的象征，也成为世界上最美的广场之一。

建筑大师的后期作品

在承接圣彼得大教堂的建设工程时，米开朗琪罗已经有 72 岁的高龄了。基于卡比托利欧广场建设的成功，米开朗琪罗在圣彼得大教堂的建筑设计上也相当大胆，并最终定型了圣彼得大教堂的大部分设计。

可以说，圣彼得大教堂既是米开朗琪罗晚年的作品，也是他引以为傲的作品之一。不过，在建造圣彼得大教堂期间，他还同时负责着其他的一些项目，其中既有世俗建筑，也有宗教建筑，如皮亚城门、天使圣玛利亚教堂、圣乔瓦尼教堂、斯福尔扎礼拜堂等。其中比较有意思的是天使圣玛利亚教堂的修建，它是以古罗马戴克利先浴场的温水浴室为地基改造的教堂。

与你共赏

米开朗琪罗最后也最具特色的作品——皮亚城门

皮亚城门是米开朗琪罗在 85 岁高龄时设计的，它曾经是罗马的一座城门，建立在当时罗马城的主干道上。在这一建筑的外观上，人们也能看出米开朗琪罗既尊重古典建筑又极具创新的设计理念。建筑中使用的虽然是传统柱式，却表现出了鲜明的个性特征。这座城门如今位于罗马九月二十日大街的尽头。

皮亚城门

第四章

文艺复兴建筑的创新——乌尔比诺、
伦巴第和威尼托大区的建筑

文艺复兴时期的建筑，在经历了兴盛时期之后，又迎来了一次创新。到了15世纪60—70年代，佛罗伦萨在建筑界暂时失去了领先的势头，一些创新型的建筑站到了建筑发展的前列。其中，典型的代表就是乌尔比诺、伦巴第大区以及威尼托大区的建筑。这些建筑既有相似之处，又有不同之处，既延续了前人的建筑风格，又有自己独特的创新，为世界建筑史添了浓墨重彩的一笔。

乌尔比诺——建筑自成风格

与意大利著名城市罗马、佛罗伦萨、米兰相比，今天的乌尔比诺是一座容易被人遗忘的古城。这是一座建在山顶的城市，人们称之为"意大利被遗忘的山城"。可历史上繁盛时期的乌尔比诺，一度成为意大利甚至整个欧洲的文化圣地，在那里，以公爵宫为首的各种文艺复兴创新建筑，为当时的整个建筑界所震撼。

乌尔比诺公爵宫的起源

15世纪中叶，费德里科·达·蒙特费尔特罗伯爵（1474年起成为公爵）是乌尔比诺这座城市的统治者。蒙特费尔特罗统领着自己的佣兵和教皇军队，属于当时最有权势的统治者之一，威望极高。蒙特费尔特罗不仅军事能力超强，政治才华过人，而且有着丰富的学识和文化修养，举止谈吐十分儒雅，是一位深受人们爱戴和信任的人文主义君主。

费德里科·达·蒙特费尔特罗

在蒙特费尔特罗统治乌尔比诺期间，他一直致力于建造一座能够与自己身份相称并且能够收藏大量图书和艺术品的宫殿。也正是由于这座宫殿的修建，乌尔比诺这座城市被蒙特费尔特罗彻底地改造了，也因此成为文艺复兴时期建筑创作的一个中心。

作为乌尔比诺公爵宫的支持者，蒙特费尔特罗从各地聘请了多位建筑师和艺术家，共同建造了公爵宫。因为蒙特费尔特罗对建筑也有着自己独特的想法，所以公爵宫基本都是按照他的想法建造，从而充分地反映出了他的人文主义思想，也充分地体现了他一生的理想。

乌尔比诺公爵宫

乌尔比诺公爵宫的建筑风格

　　蒙特费尔特罗的第一座宫殿是在 1450—1465 年建造而成的，这是一座有矩形中庭的堡垒式建筑，内部建设有内院，其规模和壮美程度完全不逊色于当时的其他宫邸。宫殿核心部分的所有房间和厅堂几乎都使用了当时文艺复兴府邸建筑的造型和特点。从这些房间和厅堂的装饰风格就可以看出，它们最开始是被建造成了礼仪大厅，后来才改建成现在的样子。

乌尔比诺公爵宫西面敞廊及塔楼

乌尔比诺公爵宫中第一座竣工的宫殿有两个十分引人瞩目的特点，那就是宏伟的规模和优雅的装饰。负责施工建造这部分宫殿的主要是佛罗伦萨和伦巴第的建筑师，他们不仅具有丰富的经验，而且他们的建筑全都自成风格，再加上蒙特费尔特罗监督得力，最终才造就了第一座宫殿的高雅风格。宫殿的门窗框、挑腿以及檐壁等部位的装饰全部都十分有节制，避免了各种母题堆砌所引起的弊端，而且不失想象力和风格变化。

这一期的建筑规模宏大，耗费的精力、人力和财力也很多，虽然建筑装饰风格高雅，但是这座建筑独特的地理位置没有得到充分的利用。宫邸处于南山坡上，建筑的大片墙面上散布着一些窗户，整体都不大，在建筑布局上没有全面地考虑到周围的自然环境，也没有依托环境做出相应的设计。

于是，在 1465 年开始的第二期工程时，蒙特费尔特罗和建筑师就有意识地将新建筑与周围的自然环境结合起来，这是二期工程在布局上发生的第一个重要的变化。在建造时，所有的设计和技术都以这一构思为基础，从而使府邸的整体建筑都有了新的意义和价值。二期建筑不仅在平面的设计上进行了大幅度的更改，建筑的宏伟构思以及宏观程度也与第一期工程形成了鲜明的对比。

第二期建筑在原来方形院落的北侧新添加了一翼，穿过最中间的庭院，将散落分布在各处的宫邸完美地组合成一个相对松散的整体，其中的公爵套房也成了 15 世纪最优美、最具想象力的空间。室内是很多彼此相通的套房，配有大楼梯。这样的建筑布局为当时罗马官邸的建筑树立了全新的榜样，当时有很多教廷官邸在设计和建造时都会模仿这样的建筑风格以及装饰特色。

无论是第一期建筑，还是第二期建筑，它们的建筑中心全部都是庭院，这些庭院仿佛是一部庄严的序曲，引导着参观者进入建筑的内室。在当时，佛罗伦萨官邸的院落大多是封闭的高大院落，与之不同的是，乌尔比诺公爵宫的内院则是一个被拱廊环绕的宽敞开阔的空间。在庭院构图上，乌尔比诺宫邸的创新主要体现在角柱墩和柱顶盘的处理和设置上，这两处的改进也是当时建筑风格的一次创新。

除此之外，在当时，蒙特费尔特罗和他同时代的建筑师们已经深刻地认识到了人才是宇宙的中心，所以他们自然而然地把这种认识直接体现在了建筑上面。最直观的表现依旧是公爵宫的内院，庭院里铺设的大理石是从一个中心散射向四周的，以此来强调人的中心位置。

乌尔比诺公爵宫内院

与 你 共 赏

领略乌尔比诺公爵宫的风采

　　乌尔比诺公爵宫在文艺复兴时期有着其独特的地位，这座历时 30 年才最终建成的官邸，在各类文化相互碰撞的文艺复兴时期脱颖而出，将乌尔比诺带入了繁盛时期，吸引了世界上众多艺术家和文化学者，影响了整个欧洲。在公爵宫的影响下，这类风格的建筑逐渐在乌尔比诺拔地而起，使这座山城发展成了一个文化与自然相互融合的和谐之城。下面来一起欣赏一下公爵宫建筑的风采。

乌尔比诺公爵宫塔楼侧面的圆拱窗

乌尔比诺公爵宫拱廊

伦巴第大区——建筑形式独特

　　地处意大利半岛北部的伦巴第大区是意大利最大的大区之一，也是欧洲其他地区通往意大利的主要门户，正因如此，伦巴第的文化和艺术也受到了欧洲其他多个国家的影响，建筑方面亦是如此。15世纪，伦巴第大区的建筑不仅延续了古罗马的建筑风格，也融合了欧洲其他国家的建筑特色，使得该地区在文艺复兴时期形成了独特的建筑形式。在伦巴第大区，最富特色的文艺复兴建筑主要分布在曼图亚以及米兰等城市和地区。

曼图亚——文艺复兴古城

　　曼图亚是位于伦巴第首府米兰东南角上四面环水的小城，但这里曾经是意大利文艺复兴的中心，拥有举世无双的文艺复兴时期的城市建筑群。

◎ 曼图亚文艺复兴建筑的独特风格

曼图亚之所以有如此著名的文艺复兴建筑群，主要在于其当时也拥有一位与乌尔比诺公爵一样贤明的统治者——卢多维科·贡扎加。在他的邀请下，许多当地和外地的著名艺术家聚集在宫廷中，其中包括曼特尼亚、阿尔贝蒂、劳拉纳、凡切利等。在这些建筑大师的共同努力下，才最终形成了曼图亚极其独特的建筑风格。

曼图亚的文艺复兴建筑延续了曼图亚地区以往建筑中奇特的装饰手法，体现出曼图亚人对奇异装饰的喜爱。曼图亚之所以具有文艺复兴建筑的奇异特征，不仅是因为他们早就有这样的传统，还因为入驻此地的建筑师曼特尼亚等人本身就极富想象力，喜欢设计一些奇形怪状、形式新颖的建筑。

◎ 庞大的建筑群——曼图亚公爵宫

曼图亚公爵宫是 14—16 世纪建造的一个庞大的建筑群，由文艺复兴时期的贡扎加家族组织建造，内部有很多体现文艺复兴建筑风格的地方。贡扎加家族在此居住直到 18 世纪初期，之后此建筑一度失修，到 20 世纪的

曼图亚古城

时候才重修，如今是曼图亚博物馆。

　　曼图亚公爵宫占地面积非常大，内部有 15 个院落与花园，500 多间房子。装饰都比较奇特，比如新婚堂顶部的壁画描绘了一些建筑的部件，使画面中的建筑部件与真实的建筑相结合，人们可以沿着螺旋形的坡道走到画中的房门，犹如虚空幻境，充分地体现了曼图亚建筑奇特的装饰风格。

曼图亚公爵宫内院

◎ 曼图亚典型建筑——曼特尼亚住宅

曼特尼亚住宅是由建筑师曼特尼亚设计建造，但这座建筑并非普通的住宅，而是被用于研究学术和展示艺术家的创作。建筑本身的设计也非常奇特，是曼特尼亚突发奇想的产物，即在四边形的建筑平面中插入圆形的院落。可见，艺术家对古典建筑风格的推崇。

从曼特尼亚的这种在矩形平面中加入圆形院子的设计方案中，也能看到建筑大师阿尔贝蒂以及其追随者们的影响。

曼特尼亚住宅圆形院落内景

米兰的文艺复兴建筑

◎ 米兰早期文艺复兴建筑

15 世纪上半叶，整个米兰的建筑基本上都是后哥特式风格。到了 15 世纪下半叶，斯福尔扎家族掌握了米兰的统治权。作为当时的统治者，弗朗切斯科·斯福尔扎慷慨地资助各种艺术活动，因此大规模的建筑活动开始在城内展开。在 1450—1499 年期间，斯福尔扎家族统治下的米兰长期与佛罗伦萨保持着结盟的关系，因此佛罗伦萨的很多艺术家都到米兰工作。当时，佛罗伦萨依然是艺术中心，在建筑等艺术领域处于领先地位，所以这些到米兰工作的艺术家把他们的观念和思想也一起带到了米兰。而在建筑领域，他们带来的托斯卡纳建筑风格也给伦巴第地区的传统建筑带来了冲击，影响了该地区之后的各种建筑，为伦巴第文艺复兴建筑的发展奠定了基础。

在整个 15 世纪期间，受到了佛罗伦萨建筑的影响之后，虽然米兰城中的很多新建筑都成了具有新特色的早期文艺复兴建筑，但是也依然留存了很多古罗马后期以及早期中世纪时期的建筑，这些建筑在经过当时一些建筑师的改造之后，才体现出文艺复兴建筑的特征。其中，最著名的两座建筑就是圣·洛伦佐教堂（米兰）和圣萨蒂罗教堂。这两座教堂不仅在当时具有一定影响力，直到今天，它们依然是 15 世纪文艺复兴时期米兰城尚存的集中式建筑的主要代表。

米兰圣·洛伦佐教堂

圣萨蒂罗教堂内部结构

在这一时期的伦巴第，还有一个十分重要的文艺复兴建筑，那就是帕维亚卡尔特修道院。当时，建筑师根据传统的建筑风格对这座修道院进行了改造，修道院的塔楼就是在基亚拉瓦莱先例的基础上改造而成的，外观比基亚拉瓦莱建筑更为华丽壮观，不仅保留了巴伦第的建筑传统，还融合了文艺复兴和哥特式的建筑风格，最终形成了其独特的新型建筑风格。

这一时期，米兰的传统建筑留存下来的并不多，很多有着文艺复兴新建筑风格的老建筑，或在最近几十年的城市规划和修整过程中被损毁，或被夷为平地，只剩下上面这几个仅存的建筑，可以让世人一睹 15 世纪伦巴第大区早期文艺复兴新风格建筑的风采。

与你共赏

帕维亚卡尔特修道院

帕维亚卡尔特修道院位于意大利伦巴第大区，是世界五大修道院之一，1396 年开始建造，历时大约 2 个世纪。这座修道院是中世纪米兰的统治者维斯孔蒂家族出资兴建的，其愿望是建立一座可与米兰大教堂相媲美的建筑。

修道院西立面基本是按照布拉曼特风格来建造的，上面有非常丰富奢华的浮雕和大理石的装饰，中轴线两边对称的建筑构件彰显着文艺复兴建筑风格。除此之外，修道院内院拱廊也极富文艺复兴建筑风格。

帕维亚卡尔特修道院西立面

帕维亚卡尔特修道院庭院

帕维亚卡尔特修道院内部结构

◎ 菲拉雷特和费里尼的建筑

菲拉雷特和费里尼都是当时重要的建筑师，他们对伦巴第大区的建筑风格都产生了深远的影响。

菲拉雷特及其建筑

菲拉雷特于 1400 年出生于佛罗伦萨，是一名雕塑家。在 15 世纪中期，他从威尼斯来到了米兰，成为福斯尔扎公爵的宫廷建筑师。在接下来的 15 年里，他参与了各种建筑项目，却业绩平平，但他在阿尔贝蒂的启发下写就的《论建筑》对后世影响深远，比如其中城市规划的理念就影响了达·芬奇对城市建筑的设计布局。

对米兰总医院的设计和建造，可以说是菲拉雷特最有成就的建筑项目。这座建筑整体来看非常宏伟，建筑师将托斯卡纳（以佛罗伦萨风格为主）地区和伦巴第地区的建筑风格融合起来，形成一种新的风格。为了让设计更加完美，菲拉雷特曾还专门去研究了佛罗伦萨的新圣玛利亚医院，于是他便借鉴了新圣玛利亚医院十字形的病房布局形式。现在的米兰总医院有一部分属于米兰国立大学，建筑实景实际与菲拉雷特的理想设计还是有所出入。

费里尼以及建筑

贝内代托·费里尼是当时在米兰工作的另一位重要的建筑师，也为伦巴第地区的文艺复兴建筑做出了贡献。他的建筑活动基本集中在 15 世纪下半叶，主要参与了帕维亚卡尔特修道院以及一些城堡的建筑。另外，很多人都认为斯福尔扎城堡公爵院中的敞廊就是他的作品。

米兰总医院院落立面

斯福尔扎城堡

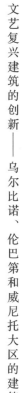

斯福尔扎城堡庭院敞廊

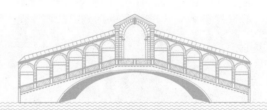

延 展 空 间

维斯孔蒂家族与斯福尔扎家族

　　维斯孔蒂家族与斯福尔扎家族是中世纪至文艺复兴时期先后统治米兰的两大家族。

维斯孔蒂家族于1277年成为米兰的统治者，1395年被封为米兰公爵，开始大力建设自己的辖区，在其统治之下，开启了很多重要的文艺复兴建筑项目。1447年，维斯孔蒂家族的最后一任公爵去世，因为他没有儿子，所以这个家族对米兰的统治便到此结束。

15世纪中叶，维斯孔蒂家族败落之后，米兰的统治权就落到了最后一任公爵的女婿弗朗切斯科·斯福尔扎手中，至此，斯福尔扎家族便成为米兰的领主。斯福尔扎家族执政期间，出资建造的斯福尔扎城堡是米兰最重要的文艺复兴建筑。

威尼托大区——布满创新者的杰作

　　今天的水城威尼斯依然吸引着世界各地的游客前去参观，这座在水上建立起来的城市有着独特的建筑风格。跟其他地区的城市相比，威尼斯这座城市布满了建筑创新者的杰作。

　　威尼斯的教堂、钟楼、水井以及大大小小的市场，构成了整个城市行政区的核心，街道和院落都是围绕着它们而建成的。整个城市的建设采用了桩基，所有的建筑都设置了水陆两个入口。这些基本要素构成了威尼斯特有的奇特建筑景象，那就是交通路线与建筑相互渗透、相互交错贯通。在很大程度上，水道、街道、广场以及桥梁等已基本确定了整个城市的布局以及建筑的风格和样式。实际上，这些基本要素的相互影响和相互作用造就了威尼斯文艺复兴建筑的主要特征。

　　在威尼斯文艺复兴时期的建筑中，可以见到大量的支柱，比如列柱、圆柱和拱廊，这其实是建筑师采用桩基的结果。威尼斯的建筑没有地下室或者地窖，取而代之的是这座城市特有的"水层"。除此之外，碍于交通系统的限制，除了个别的街道，在威尼斯很难看到宏伟的街道、主干道以及交叉路

威尼斯

口，取而代之的都是一些曲折的小巷、狭窄的水道以及宽阔的运河。这些组合在一起，形成了美若图画的水上城市景观。

威尼斯的水道

威尼斯早期（15世纪70年代以前）的建筑作品

一直到 15 世纪中叶，威尼斯的建筑还一直延续着哥特式风格，直到 1460 年左右，新的建筑风格才真正在威尼斯出现。最先引领新风格的建筑主要有三个。第一个是舰艇修造厂的大门，这是一个以古代建筑——波拉凯旋门为范本的作品，大门的柱子还使用了 12 世纪威尼托—拜占庭柱头，对于当时的建造者来说，这种柱头可以称得上是比较古老的建筑元素了。

第二个新风格的建筑是米兰公爵弗朗切斯特·斯福尔扎建造的米兰公爵府。当时，弗朗切斯特表示希望公爵府的建筑要具有现代的风格，并按照米兰的建筑风格进行建造，也就是弗朗切斯特希望在威尼斯引入伦巴第的建筑风格，并将其与威尼斯当地的传统建筑相结合。但是，这个建筑最终并没能完整建成。

第三个新风格的建筑就是圣焦贝教堂，在这座教堂的建筑中，已经能够看到佛罗伦萨的建筑特点。

威尼斯15世纪70—90年代的建筑作品

在15世纪70—90年代这20年的时间里，威尼斯的建筑有了很大的发展。这一时期威尼斯的建筑都有着一个共同的特点，那就是都保持了威尼斯传统建筑的华丽风格。这时的建筑大量采用了彩色的大理石，并在墙面的洞口上花费了大量的心思来装饰，总体的光线和色彩相互搭配，起到了很好的装饰效果。

◎ 宗教建筑

在这一时期的威尼斯，宗教建筑是一个重要的建筑领域。在宗教建筑领域内一共有三种基本的建筑类型，分别是会堂式建筑、穹顶教堂和无边廊教堂，而每一种类型又衍生出了很多的变化形式。其中，圣扎卡里亚教堂是最早的一座比较宏伟的宗教建筑。

圣扎卡里亚教堂始建于 1444 年，但是在其建造的过程中，更换了多个建筑师。当时，威尼斯的建筑师喜欢将相同的空间单元聚在一起，形成一种松散的联合。圣扎卡里亚教堂的歌坛奇特的建筑构图，就是以这种联合为基础的。

圣扎卡里亚教堂

同为一个建筑师的作品，圣米凯莱修道院则与圣扎卡里亚教堂完全不同。圣米凯莱修道院的扁平立面比例简洁，本堂和边廊、穹顶内殿以及两个半圆室都被一个桥形的唱诗廊台分隔在西面的第一跨间之后，这些孤立的跨间和空间单位形成了明暗交替的效果。

◎ 学校建筑

在 15 世纪，学校作为威尼斯特有的一种建筑形式得到了巨大的发展。
13 世纪时，学校本是一种社会的福利和慈善机构，但到了 15 世纪和 16 世
纪，一些学校的建筑和室内的绘画装饰变得引人注意起来。其中，圣马克学
校和圣瓦尼乔学校都是 15 世纪的杰出建筑作品。

圣马可学校的建筑构图有很多独特之处：立面、底层以及上层的大厅建
造得十分华丽，楼梯设计也十分宏伟壮观。圣马可学校立面建筑的比例并没
有按照一定的要求设计，而是设计得很随意，这也使得其成为 15 世纪威尼
斯建筑里构图最为生动以及丰富的一个特例。除此之外，学校的墙面采用了
彩色的大理石，十分华美。

圣马可学校

第五章

怀旧的文艺复兴建筑——
意大利北部其他地区的文艺复兴建筑

文艺复兴时期，意大利的文艺复兴建筑主要集中在北部地区，除了托斯卡纳、拉齐奥、伦巴第、威尼托等大区的建筑，意大利北部其他大区的建筑也有其独特的风格。艾米利亚·罗马涅大区的建筑偏好传统的装饰；皮埃蒙特大区和利古里亚大区的建筑又延续了地方的建筑特色。这些地区的文艺复兴建筑既有相似之处，又有独特之处，在当时的建筑领域各领风骚。

偏好传统装饰——

艾米利亚·罗马涅大区的建筑

　　艾米利亚地区位于波河与亚平宁山脉之间，地势平坦宽阔。和伦巴第大区一样，艾米利亚地区从古至今都使用砖作为最基本的建筑材料，装饰则使用陶制材料。在 15 世纪，艾米利亚地区文艺复兴风格的建筑主要分布在博洛尼亚（首府）、费拉拉、帕尔马以及皮亚琴察几个城市。中世纪的建筑风格和新的艺术风格（文艺复兴艺术）相互交融，为这些地区的建筑赋予了新的面貌。

博洛尼亚的建筑

◎ 圣贾科莫·马焦雷教堂

博洛尼亚圣贾科莫·马焦雷教堂是一座具有文艺复兴风格的建筑，比如教堂回廊后面的本蒂沃利奥祠堂就是纯佛罗伦萨式建筑。教堂南面的敞廊修建于 1477—1481 年，其建筑特点是典型的文艺复兴建筑风格，敞廊有多根柱子支撑，而敞廊的陶饰也是当时十分有特点的装饰设计。

◎ 督政官宫

督政官宫本是中世纪的哥特式建筑，1485—1500 年重新翻修，建筑师便在督政官宫底层设计建造了一排拱廊，上方建设为议政厅，在宫殿的后面，中世纪的阿伦格钟塔依旧矗立在那里。

这次翻修的过程中，建筑师在底层拱廊处采用了文艺复兴风格的圆形拱，这在博洛尼亚建筑史上具有划时代的重要意义，标志着博洛尼亚建筑正式步入文艺复兴时期。

博洛尼亚督政官宫

◎ 市政厅

　　博洛尼亚市政厅位于督政官宫的西面，这两座建筑都是围绕博洛尼亚中心广场所建。市政厅自建造以来便经过了多次改造，其建筑风格也因此变得非常多样。

　　至 16 世纪中叶以后，博洛尼亚市政厅被加入了一些文艺复兴风格的建筑元素，突出呈现在大门和右边顶部的一排窗户处。

2008 年以前，这座建筑一直都是博洛尼亚的市政厅，2008 年以后被改造成博物馆。

博洛尼亚市政厅

与你共赏

博洛尼亚中心广场

博洛尼亚中心广场是艾米利亚·罗马涅大区重要的广场。文艺复兴时期，这座城市的领主们都以出资重修或者改建这里的建筑而彰显自己的功绩。

博洛尼亚中心广场的主要建筑有哥特式风格的圣彼得罗尼奥大教堂和具有文艺复兴风格的督政官宫、市政厅、银行家宫（督政官宫东面）等。

博洛尼亚中心广场全景

除了各种宏伟的建筑，博洛尼亚中心广场上的海神喷泉也非常有特色。这座喷泉上的雕像就是罗马神话中的海神尼普顿。意大利的很多城市中都有这种海神喷泉，反映了文艺复兴时期人们对古典文化的崇尚。

圣彼得罗尼奥大教堂

银行家宫

博洛尼亚中心广场海神喷泉

费拉拉的建筑

如果说博洛尼亚的建筑形式和风格极具多样性，那么与之相比，费拉拉则是一个建筑形式和特点更加统一的城市。但在建筑材料方面，费拉拉与博洛尼亚一样，也是以砖为基本材料，以陶制材料为装饰，充满了地方风格和想象力。

与你共赏

费拉拉的埃斯特城堡

费拉拉经典的砖构建筑中最著名的当属埃斯特城堡。1385 年，费拉拉的平民不满统治者的重税，发起了反抗活动，当时的统治者怕家人受到伤害，就修建了埃斯特城堡，用以保护家人的安全。下面，我们一起来欣赏一下这座著名的费拉拉建筑。

埃斯特城堡

埃斯特城堡内部拱廊

费拉拉文艺复兴时期的很多重要建筑都出自建筑师比亚焦·罗塞蒂之手。1483 年，罗塞蒂担任公爵府的建筑师，在他任职期间设计并督建了一系列教堂、修道院以及住宅建筑，包括圣弗朗西斯科教堂、圣克里斯托福罗教堂、罗塞蒂府邸、钻石宫等。

圣弗朗西斯科教堂的本堂建造了一系列的穹顶、穹式拱券，外部和里面风格简练，装饰有古典的壁柱和涡卷，这些都是体现文艺复兴古典建筑风格的方面。

圣克里斯托福罗教堂创建于 15 世纪，其造型和装饰简练，建筑外部精美的盲券装饰极富古典风格，给人以质朴庄重之感。

圣弗朗西斯科教堂立面

圣克里斯托福罗教堂

　　罗塞蒂府邸和钻石宫是罗塞蒂重要的世俗建筑作品。罗塞蒂府邸采用的成对的圆券窗以及拱券都展现出了典型的文艺复兴风格。钻石宫又称为费拉拉宫，因建筑外墙有钻石形状的装饰而得名，这种装饰是罗塞蒂的首创，是费拉拉地区装饰极为华美精致的建筑。

钻石宫

钻石宫拱门

第五章

怀旧的文艺复兴建筑——意大利北部其他地区的文艺复兴建筑

延展空间

罗塞蒂的建筑风格

　　罗塞蒂的建筑风格较为别致，他能够综合各类建筑要素却不会让建筑风格显得繁复杂乱，擅于设计简练、清晰的布局，让建筑充满古典韵味，透露出宏伟、庄严之感。除此之外，罗塞蒂的建筑多采用穹顶和穹式拱顶，成为最能体现其文艺复兴风格的一个方面。

　　罗塞蒂的建筑风格总体而言简练、庄重，可以看到来自托斯卡纳、伦巴第、威尼斯等地区的建筑风格影响，也能体会到阿尔贝蒂的古典建筑风格对他的影响。

延续地方特色——皮埃蒙特地区
和利古里亚地区的建筑

文艺复兴时期，在意大利的北方，除了伦巴第、威尼斯、艾米利亚·罗马涅等大区，其他地区的建筑大多延续地方特色，很少加入新的建筑元素。皮埃蒙特地区和利古里亚地区就是典型的两个延续地方特色建筑风格，同时又融入了少许新建筑元素（文艺复兴建筑元素）的地区。

皮埃蒙特地区的建筑

皮埃蒙特地区最富地方风格的是一种砖结构的建筑，这种建筑受到伦巴第砖结构建筑风格和法国哥特式装饰风格的影响。萨卢佐圣乔瓦尼教堂的歌坛、

基耶里大教堂立面

基耶里大教堂侧面

基耶里大教堂的小洗礼堂、诺瓦拉的波尔塔府邸等都是这种建筑风格的代表。

与上文提到的具有地方风格的建筑相比，都灵大教堂中文艺复兴建筑的元素和风格显然更为突出，它将来自托斯卡纳、伦巴第、艾米利亚等地区的建筑风格融合在了一起。

都灵大教堂是一个会堂式的建筑，周围配有小礼拜堂、耳堂、穹顶以及凹圆形顶棚。都灵大教堂的立面上成对的壁柱以及涡卷装饰可以令人联想起罗马的建筑风格，联想到费拉拉的圣弗朗西斯科教堂立面（罗塞蒂的建筑风格）。

都灵大教堂全景

都灵大教堂立面

都灵大教堂内部结构

利古里亚地区的建筑

与皮埃蒙特地区相比，利古里亚地区建筑的地方传统根基相对没有那么深厚。在这个地区，早期的建筑就深受相邻地区——托斯卡纳建筑风格的影响。

利古里亚地区文艺复兴风格的典型建筑非热那亚大教堂莫属。教堂的立面结构就是典型的托斯卡纳风格，而建筑的装饰则结合了伦巴第建筑和皮埃蒙特地区的各种建筑要素。

除了热那亚大教堂，圣马泰奥广场上的安德烈·多里亚府邸也是利古里亚文艺复兴建筑风格的典型代表。这座府邸建筑也融合了来自托斯卡纳、皮埃蒙特、威尼斯、伦巴第等地区的建筑风格和装饰元素。

在利古里亚的首府热那亚，重要的建筑师要数加莱亚佐·阿莱西，他曾到罗马学习，并且成为米开朗琪罗的追随者。现知阿莱西的建筑作品有坎比亚索别墅、卡里尼亚诺圣玛利亚教堂等。

在坎比亚索别墅中，能够看到来自各个文艺复兴建筑大师的风格，这些建筑大师包括帕拉迪奥、佩鲁齐、圣米凯利、拉斐尔等。

卡里尼亚诺圣玛利亚教堂始建于 16 世纪中叶，属于一座理想的集中式教堂建筑。此教堂建筑风格类似布拉曼特和米开朗琪罗设计的圣彼得教堂。

卡里尼亚诺圣玛利亚教堂

第六章

文艺复兴建筑的民族化——法国文艺复兴建筑

　　15—16世纪在意大利兴起的文艺复兴建筑风格在后期逐渐扩展到欧洲各国。15世纪，除了意大利，只有俄国和匈牙利这两个国家的文艺复兴建筑可圈可点。到了16世纪，在复兴古典风格的基础上兴起并盛行于意大利地区的新的建筑风格，也开始在法国、德国等国家流行起来。

　　法国从意大利引进文艺复兴建筑风格之后，将其与本地建筑风格相融合，形成了一种新的具有民族特征的古典建筑风格。

继承古典风格——
法国文艺复兴早期的建筑

法国文艺复兴建筑的兴起

　　一般来说，法国建筑领域的文艺复兴运动开始于意大利战争（法国国王在伦巴第地区发动的争夺米兰公国的所有权的战争）。但严格来说，意大利文艺复兴建筑风格对法国建筑的影响要更早一些，这种影响主要产生在法国临近意大利的南部和东南部地区，比如普罗斯旺地区和瓦萨地区。

　　从1494年开始，法国和西班牙争夺亚平宁半岛的斗争持续激化，从而引发了长达数十年的意大利战争。在侵占亚平宁半岛的过程中，法国的统治者及建筑师们才开始注意到意大利的建筑风格，并对其产生了强烈的好奇心和浓厚的兴趣。法兰西国王从意大利带回了很多重要的建筑艺术家，其中就包括著名艺术家达·芬奇。自此，意大利文艺复兴建筑风格正式在法国地区盛行起来。

最初，建筑师们只是在传统的哥特式结构中融入一些文艺复兴风格的部件和装饰，比如用古典的壁柱分割墙面，使其垂直效果更突出。

与你共赏

图尔大教堂

法国文艺复兴早期受意大利建筑风格影响而建成的宗教建筑极少，其中具有代表性的、融入了文艺复兴元素的宗教建筑要数图尔大教堂。总体而言，此教堂是一座哥特式的传统建筑，其立面从 15 世纪中叶开始改建，一直延续到 16 世纪。其中，图尔大教堂立面在 1427—1484 年按照火焰式风格进行了改建，到了 16 世纪，其立面上部又融入了具有文艺复兴建筑风格的元素。

图尔大教堂立面

法国文艺复兴早期世俗建筑

16 世纪初期，虽然法国融入了文艺复兴建筑风格的宗教建筑很少，却建造了一批文艺复兴风格与哥特式风格相融合的世俗建筑，成为这一时期法国建筑学习古典风格并加以创新的主要成果。以下主要介绍布卢瓦城堡和尚博尔城堡。

◎ 布卢瓦城堡

布卢瓦城堡是法国文艺复兴早期建筑的典型代表。始建于路易十二在位期间，这座城堡是一座更加具有"现代化"风格的建筑。它是法国著名的皇家城堡之一，曾经在长达一个多世纪的时间里都是法兰西王国的皇宫，在法国的历史上，有 7 位国王和 10 位王后先后在这里居住过。

布卢瓦城堡采用了很多意大利风格的装饰（比如常用的爱奥尼亚式古典壁柱），但是在装饰的处理上却体现出哥特式的风格。布卢瓦城堡到处

布卢瓦城堡建筑细节

布卢瓦城堡的内部立面

布卢瓦城堡院落

都可以看到法国王室形象的象征——百合花。城堡的中央位置建有路易十二的骑马像以及一个刺猬标记。

与当时的其他城堡建筑相比，布卢瓦城堡的建筑风格可谓是与众不同——四个建筑风格各异的侧翼分别伫立在一个庭院的周围，这四个侧翼集中了哥特式建筑风格、受意大利建筑风格影响的哥特式风格、文艺复兴风格，及新古典主义这四种各不相同的建筑风格。可以说，这座城堡是法国早期文艺复兴建筑风格的重要代表。

布卢瓦城堡翼立面

◎ 尚博尔城堡

尚博尔城堡位于尚博尔领地内。最初，尚博尔领地是布鲁瓦伯爵的狩猎

尚博尔城堡俯视全景

场，被国王弗朗索瓦一世看中后于 1519 年在此地修建了尚博尔城堡，用于其狩猎时居住。

尚博尔城堡的平面设计和建筑结构都是非常奇特和壮观的。总体上是在矩形的平面中加入圆形角堡的设计。从正面看，尚博尔城堡是一个中央聚集了很多长形小塔的组合体，城堡的主楼依附着城堡矩形围墙的一个长边而建造，长边两头各建有一个大的角堡，主楼的平面也是矩形，在其四角上各有一个圆形角堡。

尚博尔城堡的建筑结合了意大利式的古典建筑风格与传统的哥特式建筑模式，朴素的下部建筑与华丽的上部建筑完美地融合在一起，使建筑整体看上去浑圆有致、比例协调。此城堡的装饰有很多体现文艺复兴风格的元素，

尚博尔城堡正面

比如爱奥尼亚式的壁柱、圆拱形门窗等。此外，城堡主厅中最有名的双螺旋楼梯也是体现文艺复兴建筑新风格的建筑构件，这种建筑构件在帕拉迪奥和达·芬奇的设计稿中都有出现过。

尚博尔城堡建筑细节

尚博尔城堡建筑细节

与 你 共 赏

法国早期文艺复兴风格的其他世俗建筑

除了文中提及的几座城堡建筑，法国早期富有文艺复兴风格的其他世俗建筑还有昂布瓦斯城堡、阿宰勒里多府邸、舍农索府邸、肖蒙府邸等。下面，我们一起来欣赏这些建筑的风采。

昂布瓦斯城堡

阿宰勒里多府邸

舍农索府邸

肖蒙府邸

形成民族风格——法兰西岛区的
文艺复兴建筑

法兰西岛区是法国的一个行政区，以巴黎为中心，因此也称为大巴黎地区。16世纪，文艺复兴建筑风格在法国流行，而法兰西岛区作为法国首都的所在区，其文艺复兴建筑则更为典型和集中。在众多的文艺复兴建筑大师的不断实践中，具有法国民族特色的文艺复兴建筑风格也在此地区得以形成。

市政建筑

16世纪，法兰西岛区具意大利风格和特点的建筑首先要数巴黎市政厅。这是一座非常宏伟大气的世俗建筑，其立面的设计和装饰为新文艺复兴的建

巴黎市政厅

筑风格，塔楼的设计较为简朴。市政厅内部的装饰丰富华丽，将文艺复兴风格与法国本地风格进行了完美结合。可以说，巴黎市政厅是巴黎地区文艺复兴建筑的典型代表。

可惜的是，巴黎市政厅的原建筑在 1871 年的一场大火中被焚毁了，今天人们所看到的巴黎市政厅，是原大楼被焚毁后重新修建的。

教堂建筑

除了市政厅，巴黎的一些教堂建筑也是当时文艺复兴建筑的重要代表作品。这些教堂基本上都以哥特式建筑传统为基础，但从建筑的装饰和一些细节都能看到文艺复兴建筑的影子。比较典型的有圣厄斯塔什教堂和圣艾蒂安教堂。

作为巴黎最大的堂区教堂之一，圣厄斯塔什教堂的平面与结构建筑遵循了哥特式的建筑风格，而整个教堂的装饰和细节都采用了文艺复兴的建筑风格。比如，教堂内部使用的带层叠柱的复合柱墩、本堂两边的圆形拱、门廊装饰等，都体现了文艺复兴建筑的特征。总体来说，圣厄斯塔什教堂是在哥特式的建筑结构上增加了文艺复兴的建筑细节和装饰。

与圣厄斯塔什教堂相同，圣艾蒂安教堂也是以哥特式建筑结构结合意大利文艺复兴的装饰细节建造而成。折叠建造的拱廊和拱廊中间的廊台组成了教堂的本堂，这是最具文艺复兴建筑特色的地方。

圣厄斯塔什教堂

圣厄斯塔什教堂门廊上部细节

圣厄斯塔什教堂本堂

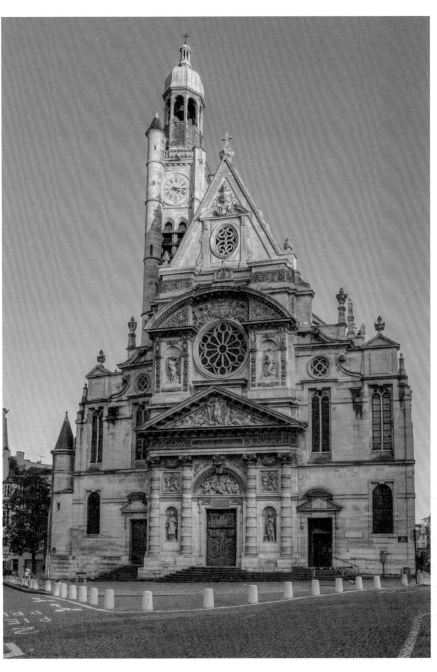

圣艾蒂安教堂立面

宫殿建筑

　　除了巴黎的市政厅和教堂建筑，法兰岛区的宫殿建筑也受到了文艺复兴建筑的影响。在弗朗索瓦一世的推动下，许多文艺复兴的宫殿建筑在法兰西岛区被建造起来，促使法国文艺复兴建筑进入鼎盛时期。

　　在这些宫殿中，枫丹白露宫是其中颇具代表性的一个建筑，它也是法国古典建筑的杰作之一。虽然枫丹白露宫的兴建可以追溯到 12 世纪，但是这座建筑真正由城堡转变成宫殿，是在弗朗索瓦一世执政期间。

枫丹白露宫

枫丹白露宫内部结构与装饰

枫丹白露宫白马院

枫丹白露宫按照意大利文艺复兴建筑风格而改建。宫殿内部的"黄金门"正门、气势雄伟的白马广场以及可连接椭圆形广场与修道院的弗朗索瓦一世回廊的设计全都采取了文艺复兴建筑风格，同时也保留了中世纪法国的地方建筑风格。经过一代又一代人的改造，这座宫殿成了一座让人流连忘返的建筑艺术品，彰显着帝王的权威，也代表了文艺复兴建筑在法国的发展演变。

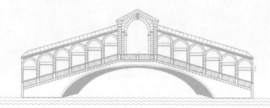

延展空间

法国风格的文艺复兴建筑

　　法国风格的文艺复兴建筑是融合各类建筑风格的成果，这种建筑既使用了哥特式风格，又采用了文艺复兴建筑风格的装饰和元素，同时还结合了法国当地的建筑风格，形成了具有独特风格的民族建筑风格。

　　法国文艺复兴建筑风格也常常被人们称为"亨利二世建筑"，代表建筑作品有圣莫莱福塞府邸、巴黎圣热尔曼·奥塞卢瓦教堂的祭廊、卡阿瓦莱府邸等。

第七章

文艺复兴建筑的偶然传播——欧洲其他国家的文艺复兴建筑

　　除了文艺复兴的发源地意大利，以及将文艺复兴建筑发展出民族风格的法国外，欧洲的其他国家和地区也同样受到了文艺复兴的影响，只是多少都带有一些偶然因素。西班牙、葡萄牙、英国、德国以及荷兰先后受到了文艺复兴建筑理论思想的启发，并结合本国的历史文化特征，同样发展出了一批独具特色的文艺复兴建筑作品。

西班牙的文艺复兴建筑

文艺复兴建筑风格从意大利向外扩散大致是在文艺复兴建筑进入盛期的时候，此时建筑师们对古希腊罗马建筑的结构、装饰样式的研究都达到了一个高峰。

文艺复兴建筑进入西班牙的时间是在15世纪的下半叶，是由当地的建筑师传播开来的，起初被用于哥特式建筑结构的装饰和变体。后来，随着哥特式影响的减弱以及对古典主义研究的增加，一些具有文艺复兴风格的世俗建筑也在西班牙拔地而起。

哥特式与文艺复兴的结合——萨拉曼卡新主教座堂

兴建于1513年的萨拉曼卡新主教座堂位于西班牙萨拉曼卡。萨拉曼卡是一座奇妙的城市，它拥有悠久而独特的历史文化。萨拉曼卡城中囊括了罗马、哥特、摩尔、文艺复兴等多种风格的建筑，风格的多样性给予了这里的建筑师更多想象与发挥的空间。萨拉曼卡新主教座堂便是在这样的条件下诞生的。

萨拉曼卡新主教座堂侧面

在建造萨拉曼卡新主教座堂时，哥特式风格仍在西班牙流行。因此，这座主教座堂的风格仍然以哥特式为主。但随着文艺复兴风格的融入，哥特式与文艺复兴式建筑风格在西班牙产生了融合，诞生了一种独属于西班牙的建筑风格——银匠式风格。银匠式风格以雕饰花样繁复的立面而著称。在空间布局上，这座主教座堂保留了哥特式的风格，但是古典建筑元素的融入则又凸显了文艺复兴风格。

萨拉曼卡新主教座堂西立面

萨拉曼卡新主教座堂上的浮雕

延 展 空 间

银匠式风格

银匠式风格是 1520 年前后流行于西班牙的一种建筑装饰风格。它前接哥特式建筑风格，后融入文艺复兴建筑风格，在西班牙流行了将近两个世纪的时间。银匠式风格的建筑通常造型上变化多样，装饰上精致非常、强调对比，装饰图样与颜色上则既有哥特式建筑的神秘，又有文艺复兴建筑自由而奔放的意志。通过对银匠式建筑风格的内饰观察，人们通常会更容易与"银器"产生联想和对比，因此将其称为"银匠式"。

银匠式风格在萨拉曼卡产生，也在萨拉曼卡集中，塞维利亚市政厅便是这一风格的代表作。除此之外，在西班牙的莱昂和布尔戈斯等城市也有大量银匠式风格建筑留存，这些建筑被视为文艺复兴风格建筑在西班牙的变体。

银匠式风格的代表作——塞维利亚市政厅

作为西班牙塞维利亚的四个政府机构之一，塞维利亚市政厅是一座始建于 16 世纪的银匠式风格建筑。

塞维利亚市政厅的建筑工程始于 1526 年，由西班牙著名建筑师迭戈·里亚尼奥主持修建。市政厅外部呈两层楼结构，通体是白色的墙面，除了装饰着神话或是历史题材的浮雕外，还有经过细致打磨的花叶装饰，这也是银匠式风格发展到成熟阶段的典型特征之一。除了外立面，市政厅内部的前厅与会议厅也都装饰有精雕细琢的建筑装饰。

塞维利亚市政厅的东面朝向西班牙的圣方济各广场，这是从市政厅修建开始就规划好的布局；西面则面临的是于 19 世纪中叶进行扩建的新广场。虽然是新广场，但这座新广场同样具备了能够与市政厅相匹配的古典风格，这种风格被称为新古典主义风格。

塞维利亚市政厅

塞维利亚市政厅上的浮雕

特别的银匠式风格建筑——贝壳府邸

　　修建于 1512 年的萨拉曼卡贝壳府邸也是西班牙银匠式风格的代表作之一，这座建筑的主人是当时的贵族罗德里戈。修建这座建筑的起因是他获封保护圣地亚哥的骑士之后，想要用贝壳来装饰他的房子，以此来表达他对圣地亚哥的忠心。

虽然这座房子是以当时最为盛行的银匠式风格技艺修建的，但是让它一举成名的却不是这一风格，而是它运用了300个贝壳石雕进行装饰的正立面墙壁。这座府邸的名称也源于这贝壳的装饰。

贝壳府邸

葡萄牙的文艺复兴建筑

葡萄牙对于文艺复兴建筑的发展与改造也同西班牙类似，同样受到了哥特式风格的极大影响，因此在文艺复兴建筑传播到葡萄牙的初期，建筑师们同样是采用文艺复兴与哥特式结合的方式进行建筑的修建。

但与西班牙不同的是，葡萄牙在后来的建筑发展过程中，更倾向于使用属于文艺复兴晚期的建筑风格形式，这也是葡萄牙的文艺复兴建筑最终与西班牙有所不同的原因。

风格的过渡——热罗尼姆斯教堂

热罗尼姆斯教堂位于葡萄牙的首都里斯本，它是为纪念葡萄牙人发现了通往印度的海上航线所建造的艺术珍品，代表着葡萄牙全盛时期国力的强大。

热罗尼姆斯教堂

热罗尼姆斯教堂于 1502 年开始修建，虽然是一座以哥特式风格为主的建筑，但在其外侧的回廊也采用了文艺复兴与哥特式风格混合的建筑样式。此外，人们还能在教堂的门面、栏杆以及教堂内部看到一些文艺复兴风格的装饰作品。

这座建筑的特色还在于其中被扭转了的圆形柱式、精雕细刻花样复杂的墙壁和窗户，多运用的是大自然中的景象，尤以

热罗尼姆斯教堂扭转的圆形柱式

海上形象为主，这也凸显了葡萄牙作为当时的海上强国的实力。这样一种既混合又创新的风格被后世称为"曼努埃尔风格"。这个名称取自当时统治葡萄牙的"曼努埃尔一世"的名字。同时，这种新的风格又被称为"大海风格"，因为它是葡萄牙作为海上强国的产物。

热罗尼姆斯教堂是曼努埃尔风格的代表作，是葡萄牙的哥特式风格晚期融合了一定文艺复兴风格的产物，也是哥特式风格向文艺复兴风格过渡的开始。

典型的代表——贝伦塔

贝伦塔矗立于里斯本贝伦区特茹河的北岸，是葡萄牙最具特色的地标建筑。为纪念好望角新航线的成功开辟及加固特茹河的军事防御，1514年葡萄牙国王曼努埃尔一世下令建设此塔。

贝伦塔由文艺复兴时期著名的建筑大师阿鲁达设计建造。其主体结构用石灰岩打造，展现出曼努埃尔风格独特的魅力和美感。塔身雕刻着绳索、网

贝伦塔全景

和船等与航海相关的图案，彰显着航海大国的地位和实力。为彰显曼努埃尔一世的声威，阿鲁达在塔身上装饰了许多曼努埃尔一世的象征物，例如点缀石结和十字架等。

同时，阿鲁达也深受伊斯兰和东方国家建筑思想的影响，他在贝伦塔的装饰设计中将摩尔人和阿拉伯人的建筑艺术元素与文艺复兴建筑风格相结合，使其彰显出独特的异域风格。

贝伦塔是葡萄牙曼努埃尔风格的代表作，也是葡萄牙文艺复兴时期的典型建筑。这座建筑的落成，标志着葡萄牙建筑完成了从哥特式风格到曼努埃尔风格的转变。

贝伦塔局部

与你共赏

托马尔的基督教女修道院大柱廊院

　　托马尔的基督教女修道院位于葡萄牙中部的托马尔市，自12世纪开始修建。其中的大柱廊院始建于16世纪中叶，是由葡萄牙当时最为著名的建筑师迭戈·德·托拉尔瓦设计的。大柱廊院的柱式造型与结构均参考了意大利文艺复兴建筑的样式，结合了布拉曼特与帕拉第奥等人的建筑理论。整个廊院空间宽敞大气、布局合理、比例协调，具有典型的文艺复兴建筑风格。

托马尔的基督教女修道院大柱廊院

托马尔的基督教女修道院大柱廊内景

英国的文艺复兴建筑

16 世纪中叶，英国新兴的资产阶级与国王进行了一系列有价值的改革。在此过程中，文艺复兴建筑风格也影响了英国的建筑，小型礼拜堂以及府邸、大学等公共建筑物变成了主流，并由此产生了一批颇具影响力与研究价值的具有英国特色的文艺复兴建筑。

都铎风格——哈德威克府邸

气势磅礴、华丽大气一直是英国建筑风格当中的主流。在 16 世纪下半叶到 17 世纪初期，庄园府邸的建造在英国盛极一时，哈德威克府邸便是当时首屈一指的具有鲜明时代特征的建筑之一，其使用的是从都铎式建筑风格中继承下来的建筑与装饰手法。

16世纪，混合着英国装饰哥特风格与文艺复兴风格的都铎式风格应运而生，因其诞生于英国的都铎王朝时期而得名。这是一种保留哥特式尖顶塔楼，但在结构上保持中心对称的建筑风格。这类建筑的屋顶通常不是圆顶，而是使用一种名为"锤式"的屋顶，从两侧向中央逐渐升高，既有圆顶的弧度又有尖顶的锐度。在锤式屋顶的框架下方，英国人还喜欢垂下一个精雕细琢的装饰物作为陪衬，这样的建筑手法在英国之后的巴洛克风格建筑中仍能见到。

哈德威克府邸从平面上看去是长方形，采用的是文艺复兴风格当中的集中式结构。但除了集中式的结构，在哈德威克府邸的建筑主体和空间结构上便看不到文艺复兴风格的身影了。在哈德威克府邸的建造上，文艺复兴式的

哈德威克府邸近景

和谐与美观被应用在了府邸的前庭、平台、花园与府邸主体的结合上，形成了一幅人文与自然相结合的优美景观。此外，应用在建筑墙壁上的联排敞亮的大窗使这座府邸即使保留了部分哥特式的风格，仍能让人感受到明亮通透、生动鲜明的氛围。这也是文艺复兴建筑理念在这座府邸建筑中的隐含体现。

与你共赏

都铎风格的另一力作——汉普顿宫

汉普顿宫是 1515 年开始修建的位于英格兰伦敦西南部最奢华的宫殿。后主要为亨利八世居住所用。在 1689 年荷兰王子威廉及其妻子玛丽入住汉普顿宫前，这里一直保持着完整的都铎风格建筑样式，后经由威廉下令进行了巴洛克式风格的改造。不过，在汉普顿宫的大门和一些内部细节上，人们仍能看出典型的都铎风格设计。

汉普顿宫立面

汉普顿宫内部花园

古典主义的开端——白厅宫国宴厅

公元 17 世纪初，英国王室在伦敦开始扩建白厅宫，那是自 1530 年开始英国国王在伦敦的主要住所。这次扩建缘于当时的英国建筑师受到帕拉迪奥的文艺复兴晚期建筑理念影响而形成的修建计划。在当时的设想中，白厅宫应是英国最高权威的至高体现，是华丽且庄严的存在。然而，受到财政紧张的影响，这个原本庞大的计划仅在修建了新的国宴厅后就宣告结束。

尽管只修建了国宴厅，人们仍能从这样一幢建筑中看到英国受到文艺复兴风格影响而采用的古典建筑结构的身影。国宴厅的正立面简洁而规整，呈上下两层。在柱式的使用上，建筑师别出心裁地将科林斯柱式叠加在爱奥尼亚柱式的上方，比例匀称，间距相等。这一设计兼顾了实用性与装饰性。

国宴厅建筑的历史意义在于，它不仅是英国文艺复兴建筑的代表作，也是其与中世纪建筑风格决裂、由文艺复兴风格中的柱式与严谨规则替代此前自由过渡风格（采用多种风格的建筑手法）的标志。

1698 年，包括国宴厅在内的白厅宫发生了一次火灾，其中的建筑物几乎都遭到了不同程度的焚毁。在火灾前，白厅宫拥有超过 1500 间房间，宫殿规模甚至一度达到了欧洲最大。幸运的是，火灾过后，人们发现国宴厅还很好地保存了下来，为英国留下了那一时期宝贵的建筑财富。

白厅宫

白厅宫国宴厅

德国的文艺复兴建筑

16 世纪时，文艺复兴建筑风格进入了德国。同所有除意大利以外的欧洲国家一样，德国建筑师一开始也只是将一些文艺复兴建筑风格的构件融入他们准备建造的哥特式建筑当中。从 17 世纪开始，意大利的建筑师们把更多的文艺复兴建筑理念带入德国，德国本土逐渐产生了具有民族特色的新建筑表现手法。

宫殿建筑代表作——海德堡城堡

坐落于德国海德堡国王宝座山顶上的海德堡城堡是德国文艺复兴宫殿建筑的代表作，尽管它以哥特式起建，又辅以巴洛克式的装饰艺术，但也融入了一些文艺复兴建筑的元素。

海德堡城堡

海德堡城堡自 13 世纪开始修建，历时将近 400 年才彻底竣工。在建造初期，基于对古代建筑艺术的喜好，主修城堡的建筑师们对宫殿立面上的柱式进行了充分的设计。

宫殿的下两层是由爱奥尼亚柱式与科林斯柱式叠加而成的叠柱式，而上层则由复合式半柱进行了空间分割，无论是比例还是间距都经过了严格的测量与计算。在城堡第三层的部分，建筑师设计了一个圆圈拱廊，其设计初心也许是为了复原古典建筑中的拱廊结构，但城堡中的这处拱廊由于使用了短粗的圆柱进行支撑，比起其他楼层比例协调的柱式，此处反而失去了匀称的比例，这是一种不再遵从文艺复兴建筑原则的设计风格。

17 世纪初，海德堡城堡中又增建了一处英式楼。这一部分的建筑设计是以简练的、和谐大方的帕拉迪奥文艺复兴晚期风格为主，南立面是整齐的矩形窗，显示出了这一建筑从文艺复兴盛期的自由到晚期严谨规矩的风格变化。

海德堡城堡是如今德国有名的历史建筑遗产，"伊丽莎白门""城堡地窖""俯瞰旧城区"等都是海德堡城堡一直能够吸引大量游客的特色。

海德堡城堡南立面

延展空间

"大酒桶"的传说

在海德堡城堡中，除了令人震撼的实物遗迹，还有一个关于"大酒桶"的传说也十分吸引人。

相传，在16世纪末的海德堡城堡中有一个巨大的酒桶，堡主亲派了一名名为Perkeo的宫廷弄臣看管此桶。这位弄臣平日便有"千杯不醉"的称号，甚至从不喝水，只喝酒。与他相熟的人们担心他的健康，便力劝他减少饮酒，正常喝水。谁知Perkeo在听从大家的劝告，饮下了一杯普通的水后竟然仙游而去。城堡的堡主大为震撼，命人将Perkeo的木雕像挂在大酒桶上，并封其为酒神，希望有他的保佑能够使以后酿出来的葡萄酒都能醇厚甘甜。

尽管这一传说经口耳相传，其真实性已然不可考，但这座传说中巨大酒桶的原型真实存在于海德堡城堡的地窖当中。它高7米，长8米，总共可容纳20多万升葡萄酒，历史上只被装满过两次。当游人们走近酒桶的封口，似乎仍能闻到扑鼻而来的葡萄酒香气。

文艺复兴风格的细节——慕尼黑王宫古物厅

慕尼黑王宫，即如今的慕尼黑博物馆。它已经跨越了 8 个世纪，无论是其自身的建筑，还是其中保存的大量从中世纪留存下来的珍宝都具有极高的历史文化研究价值。

位于慕尼黑王宫中的古物厅是 1565 年在位的公爵建立的。"古典的筒拱长廊"是这座古物厅的建筑思路，也是最终的呈现形式。除了古典的筒拱设计，这座古物厅的装饰也是慕尼黑王宫中最为精细的一部分，无论是墙面还是拱顶都充满了雕刻精美、颜色丰富的带有文艺复兴风格的壁画，气派非常。这座古物厅也被誉为是阿尔卑斯山北部最好的文艺复兴时期室内装饰的典范。

当游人步入这座古物厅时，就仿佛漫步在时空的隧

慕尼黑王宫

道当中，得以窥见自欧洲古典时期到文艺复兴时期的各种奇珍异宝与艺术作品。

慕尼黑王宫古物厅

世俗建筑代表作——奥格斯堡市政厅

修建于 1615—1620 年间的奥格斯堡市政厅，是阿尔卑斯山北侧最为著名的文艺复兴风格的世俗建筑之一，也是德国文艺复兴建筑文化的瑰宝。

奥格斯堡市财政厅的建筑师是当时德国有名的艾利亚斯·霍尔。建筑外部的修建完成于 1620 年，而内部的装饰全部竣工则是在 1624 年，在这之后，建筑师又对这栋建筑内外进行了细致的打磨。

　　奥格斯堡市政厅是当时世界上第一座超过六层的建筑，同样以大门为轴心，呈左右对称的形制。这座建筑从平面上看呈规矩的矩形，各个门窗和楼

奥格斯堡市政厅正立面

层之间的距离、比例都有严格的限制，使得整座建筑无论从哪侧立面，无论是看整体墙面还是单独的门窗都是呈规矩的几何形状。墙壁主要以石砌为主，此处有意效仿意大利佛罗伦萨与北部一些地区的文艺复兴建筑样式。左右两侧的盖顶是圆顶经过变体之后的样式，中间则没有使用圆顶，盖顶顶端有一个大型的建筑装饰，那是一个巨大的铜松果，是奥格斯堡城市的象征，杂糅了德国的民族风格。在市政厅内部可以看到精雕细刻、点彩镶金的壁画，这些壁画也是德国民族特色与文艺复兴风格混合之后的产物。

奥格斯堡市政厅是德国巴伐利亚州奥格斯堡的行政中心，因其历史与文化价值，一直受到《海牙公约》的保护。

奥格斯堡市政厅内部大厅

荷兰的文艺复兴建筑

16世纪早期到中期的荷兰还不是一个独立的国家，而是尼德兰的一部分。旧时的尼德兰地区包括了如今的荷兰、比利时、卢森堡以及法国北部的部分地区，是一个统一的国家。这个国家以及后来的荷兰主要的文艺复兴建筑类型为世俗建筑。

16世纪荷兰的建筑杰作——安特卫普市政厅

于1561—1564年建造的位于安特卫普的市政厅可以说是当时的尼德兰文艺复兴风格建筑中的典范之作。

安特卫普市政厅坐落在安特卫普大广场的西面，整体造型典雅庄重。其总建筑师是当时有名的科内利斯·弗洛里斯，这是一位对文艺复兴建筑手法极具见解且曾进行过深入考究的建筑师。在安特卫普市政厅的立面上人们可以看到，古典柱式不仅被用作支柱、装饰，还被用作矩形高窗的划分界限。

整体建筑从立面看去为中心向两边左右对称，其层高明显小于其他欧洲国家的市政厅的层高，并且布置有精雕细琢过的山墙，这是尼德兰作为欧洲低地国家常见的建筑特征。底层使用的是粗糙的石砌，上三层则为叠柱式。在内外部的装饰上，安特卫普市政厅融合了文艺复兴、巴洛克风格的表现手法，丰富且华丽。

安特卫普市政厅

荷兰最长的文艺复兴风格立面——莱顿市政厅

如今位于荷兰境内的莱顿，是一座已经拥有近 800 年历史的城市。它拥有着悠久的历史文化，其中的建筑类型也经历了从中世纪的哥特式风格到现代风格的洗礼。

莱顿市政厅是莱顿城中一景，前来这座小城游览的旅人通常都不会错过这座有名的历史建筑物。莱顿市政厅有着全荷兰最长的文艺复兴风格建筑立面，即从市政厅正面的外部看去，人们能看到一幅完整的文艺复兴风格的建筑作品。

利芬·德·凯是当时莱顿市政厅立面的主建筑师。正是基于对文艺复兴建筑手法的深入理解以及对当时法国、英国以及安特卫普市政厅建筑手法的学习，他在莱顿市政厅的立面上采用了多种古典建筑结构与装饰，如使用了古罗马卡皮托利诺山的三角形台阶，着重精雕细琢、镶嵌得体的古典柱式等。在空间结构上，他更强调建筑的核心地位，并且无论是整体建筑在整个建筑区域上的居中，还是建筑的中心部分的强调，都被他纳入设计的范围，因此也塑造了左右对称、比例协调、装饰丰富但又不显奢侈的建筑形象。

莱顿市政厅立面

仿意大利文艺复兴风格——阿姆斯特丹王宫

　　17世纪中叶，荷兰已经从尼德兰这个统一的国家中独立出去，成为一个独立的国家，并在位于荷兰的阿姆斯特丹建造了欧洲最美皇家宫殿之一的阿姆斯特丹王宫。这座王宫的美感体现，也是它的特别之处在于，它是完全以意大利文艺复兴风格建筑为参考依据进行的仿建。

　　阿姆斯特丹王宫整体建筑立面是规矩的矩形几何形状，在宫殿正面围有拱形的游廊。为了能够追求完全的文艺复兴式风格，阿姆斯特丹王宫的墙壁

阿姆斯特丹王宫立面

特地采用了意大利盛产的白色大理石进行建造，再在其上辅以文艺复兴风格的雕刻进行装饰。

　　王宫内部同样是以丰富的大理石雕塑作品进行美化，拱顶上则绘制有以荷兰共和国以及阿姆斯特丹本地历史故事为内容的壁画。其装饰之华丽，画工之考究，足以体现出作者对这些装饰作品的重视。而这些装饰作品的作者正是当时著名画家伦勃朗和费迪南德·波尔，这是两位对绘画艺术有着卓越贡献的艺术大师。

阿姆斯特丹宫殿内卧室中的壁画

参考文献

[1][英]彼得·默里著；王贵祥译.文艺复兴建筑[M].北京：中国建筑工业出版社，1999.

[2][英]彼得·默里著；戎筱译.意大利文艺复兴建筑[M].杭州：浙江人民美术出版社，2018.

[3][德]伯恩德·艾弗森著；唐韵等译.建筑理论：从文艺复兴至今[M].北京：北京美术摄影出版社，2018.

[4]高迪.世界建筑史·文艺复兴卷1[M].香港：香港理工大学出版社，2011.

[5]高迪.世界建筑史·文艺复兴卷2[M].香港：香港理工大学出版社，2011.

[6]高迪.世界建筑史·文艺复兴卷3[M].香港：香港理工大学出版社，2011.

[7]高迪.世界建筑史·文艺复兴卷5[M].香港：香港理工大学出版社，2011.

[8]李荣杰.世界建筑全集·文艺复兴·矫饰主义建筑[M].台北：光复书局股份有限公司，1984.

[9]［法］热斯塔兹著；王海洲译.文艺复兴的建筑艺术[M].上海：汉语大词典出版社，2003.

[10]［英］莎拉·坎利夫，［英］萨拉·亨特，［英］琼·路西耶著；张文思，王鞸珏译.世界建筑风格漫游——从经典庙宇到现代摩天楼[M].北京：机械工业出版社，2015.

[11]袁新华，焦涛.中外建筑史[M].北京：北京大学出版社，2017.

[12]方晓风.完美的穹顶——意大利文艺复兴建筑的创新路径[J].装饰，2011（9）：12-15.

[13]刘少才.意大利山城：乌尔比诺[J].上海房地，2016（10）：56.

[14]尹传红，骆玫.大器晚成的意大利"工匠"[J].知识就是力量，2014（7）：60-63.

[15]赵霖霖，杨家儒，苏文.论文艺复兴时期建筑风格特点的传承与创新[J].建筑工程技术，2016（9）：1720.